天津水域鱼类资源种类名录及原色图谱

List and Colored Atlas of Fish Species in Tianjin

谷德贤　等　主编

海洋出版社

2021年·北京

图书在版编目(CIP)数据

天津水域鱼类资源种类名录及原色图谱 / 谷德贤主编. —北京：海洋出版社，2021.1
ISBN 978-7-5210-0700-8

Ⅰ.①天… Ⅱ.①谷… Ⅲ.①鱼类资源－天津－名录②鱼类资源－天津－图谱 Ⅳ.①S922

中国版本图书馆CIP数据核字(2020)第271365号

TIANJIN SHUIYU YULEI ZIYUAN ZHONGLEI MINGLU JI YUANSE TUPU

责任编辑：苏　勤
责任印制：赵麟苏

海洋出版社 出版发行
http://www.oceanpress.com.cn
北京市海淀区大慧寺路 8 号　　邮编：100081
北京朝阳印刷厂有限责任公司印刷　　新华书店北京发行所经销
2021年1月第1版　　2021年1月第1次印刷
开本：787mm×1092mm　　1 / 16　　印张：8.5
字数：100千字　　定价：198.00元

发行部：62132549　　邮购部：68038093　　总编室：62114335
海洋版图书印、装错误可随时退换

编委会

天津市水产研究所资源与生态研究室

前　言

天津地处华北平原北部，东临渤海、北依燕山，地域面积 $1.194\,6 \times 10^4\,km^2$，海岸线长 153 km，所辖海域面积约 2 146 km²，有"河海要冲"和"畿辅门户"之称。天津水域资源丰富，内陆有海河干流及海河五大支流等，拥有于桥水库、北大港水库、团泊洼水库等十余个水库，拥有大黄堡湿地和七里海湿地等湿地资源，同时拥有大量海洋水域资源。因而，天津鱼类资源较多，既有海洋鱼类又有淡水鱼类，还有半咸水鱼类。

20 世纪 80 年代以来，天津鱼类的专著主要有《天津鱼类》（1990 年出版）和《天津鱼类志》（2011 年出版）。两本书的种类来源为 2009 年之前的调查结果和相关文献，配图均为手绘图（少量为黑白照片），缺少清晰的原色图谱资料。此外，随着人类活动的影响，海洋、河流、水库、湿地等自然水域中鱼的种类也发生了一定的变化。为此，本书基于"天津水域鱼类资源种类名录及图谱构建""天津市水生生物多样性监测与评估""天津海域口虾蛄资源量及补充量研究""黄渤海近岸水域产卵场调查与评估""天津土著鱼类品种的调查与研究"等项目，在天津市水产研究所资源室 2008 年以来渔业资源调查的基础上，进行了进一步的实地调查，研究了天津市自然水域中能够采集或收集到的鱼类，编制了天津水域的鱼类资源种类名录，描述了每个种类的形态特征，并拍摄了原色图谱，形成了详细的图片资料。

本书汇总了天津市辐鳍鱼纲 Actinopterygii 中较常见的 17 目 43 科 83 属 90 种鱼类。由于时间及经费等原因，对于下述种类，本书未收录：①由其他地区引入、非天津土著的观赏鱼及养殖品种，如双须骨舌鱼 *Osteoglossum bicirrhosum*、罗非鱼属 *Oreochromis* spp. 等。②在天然水域中放生的非土著鱼，例如，有市民在河中捞到了活的长丝鲈 *Osphronemus goramy*。③《天津鱼类》《天津鱼类志》收录的土著鱼中，未采集到且在水产品市场也找不到的本地捕获的罕见种类，如黑棘鲷 *Acanthopagrus schlegelii* 等。同时，通过调查本书在天津新发现鱼类栗色裸身虾虎鱼 *Gymnogobius castaneus*。

本书的鱼类鉴定主要参考了《中国动物志》鲤形目、鲈形目等卷以及天津、北京与河北的鱼类专著。由于不同专家对某些鱼类的分类地位和中文命名观点不统一，本书中鱼类的分类系统及拉丁名主要借鉴《中国动物志》《黄渤海鱼类图志》及 FishBase 等相关文献资料与网络数据库的结果，中文名为综合多种资料的结果，主要参考了《中国动物志》《中国海洋生物名录》、中国生物物种名录（http://sp2000.org.cn）以及近年来发表的相关论文。

在鱼类标本收集过程中得到了天津渔民刘翠波、刘长学、赵雄、赵国霞、赵庆田等，天津市滨海新区渔政管理人员张希旺，天津市蓟州区农业服务发展中心赵士海等的大力支持与帮助；在本书的编写和出版过程中，得到天津市水产学会、天津市水产研究所、天津市水利科学研究院、天津农业发展服务中心等各级领导的帮助与支持，在此一并表示感谢。

由于受编者的水平、时间、设备等条件的限制，本书难免存在缺点与错误，欢迎读者批评和指正。

编　者

2020 年 12 月 5 日

目　录

5. 鲇形目 Siluriformes ··· 44

6. 鳗鲡目 Anguilliformes ·· 46

1. 鲱形目 Clupeiformes

1.1　鲱科 Clupeidae

1.1.1　斑鰶属 *Konosirus*

1.1.1.1　斑鰶 *Konosirus punctatus* (Temmink & Schlegel, 1846)

英文名：Dotted gizzard shad。

地方名：扁鰶、刺鱼、鰶鱼、气泡鱼。

形态特征：

体长椭圆形，侧扁，尤以腹部为甚。头及吻均短而尖。眼具脂眼睑，但不完全覆盖眼。口小，下位，无齿。上颌稍长于下颌。体被圆鳞，无侧线。腹缘具锯齿状棱鳞18～20＋14～16枚。背鳍具鳍条15～17根，背鳍起点距吻端较距尾鳍基为近，背鳍最后一鳍条延长呈丝状。臀鳍具鳍条18～24根。胸鳍具鳍条15～17根。腹鳍具鳍条7～8根。

体背缘青绿色，体侧及腹部银白色。鳃盖金黄色，后方具一明显墨绿色黑斑。体侧上方具8～9行纵列绿色小点。

采集地：天津汉沽、塘沽、大港海域。

1.1.2　小沙丁鱼属 *Sardinella*

1.1.2.1　青鳞小沙丁鱼 *Sardinella zunasi* (Bleeker, 1854)

英文名：Japanese sardinella。

地方名：青皮、柳叶鱼、青花鱼、柳叶鲱、沙丁鱼。

形态特征：

　　体长椭圆形，且侧扁。扁头短小，吻短于眼径。眼具发达的脂眼睑。口小，前上位。下颌稍长于上颌，两颌、腭骨及基舌骨均具细牙。无侧线。体被圆鳞。背缘稍微隆凸，腹缘具硬锯齿状棱鳞 18+14 枚。背鳍具鳍条 16 ～ 17 根，背鳍起点近背中部，起点距吻端较距尾鳍基为近。臀鳍中等长，起点距尾鳍基较距腹鳍为近，具鳍条 20 ～ 22 根。胸鳍末端不达腹鳍。

　　体背部深绿色，体侧和腹部银白色，各鳍均为白色。

采集地：天津汉沽、塘沽、大港海域。

1.2 鳀科 Engraulidae

1.2.1 鳀属 *Engraulis*

1.2.1.1 鳀 *Engraulis japonicus* Temminck & Schlegell, 1846

英文名：Japanese anchovy。

地方名：出水烂、抽条、海蜒。

形态特征：

体形长而稍侧扁，腹部近圆形。腹缘无鳞或小刺。头稍大，侧扁。吻圆钝，其长稍短于眼径。眼大，位于头的两侧偏高，被有薄的脂眼睑。口宽大，下位。上颌长于下颌，上颌骨向后伸至眼后，但不伸过鳃孔。上、下颌及基舌骨均具细牙。体被圆鳞，易脱落。无侧线。纵列鳞 40 ～ 42 枚，横列鳞 8 枚。背鳍起点距吻端和距尾鳍基约相等，具鳍条 14 根。臀鳍具鳍条 18 根。胸鳍具鳍条 17 根。腹鳍具鳍条 7 根。尾鳍深叉形。

体上部蓝黑色，侧上方微绿色，两侧下部及腹面银白色。

采集地：天津汉沽、塘沽、大港海域。

1.2.2 棱鳀属 *Thrissa*

1.2.2.1 赤鼻棱鳀 *Thrissa kammalensis* (Bleeker, 1849)

英文名：Kammal thryssa。

地方名：棱鳀、尖口、赤鼻、尖嘴、红鼻、突鼻。

形态特征：

体延长而侧扁，背缘稍隆凸，腹缘隆凸较大。头中等大，侧扁。吻呈圆锥形，显著突出，其长度大于眼径。眼侧前位。口大，下位而倾斜，上颌长于下颌。上颌骨长，向后伸达鳃盖骨下缘，但不达鳃孔。体被圆鳞。无侧线。腹部侧扁，有棱鳞，15 枚棱鳞位于腹鳍前，8 枚在腹鳍之后。背鳍起源于腹鳍起点的稍后上方，背鳍前缘有一短棘，鳍条 12 根，背鳍起点距吻端较距尾鳍基为近。胸鳍具鳍条 13 根。腹鳍具鳍条 7 根。尾鳍深叉形。

体白色，背缘青绿色，吻有时呈赤红色。胸鳍和尾鳍淡黄绿色，背鳍较之稍淡。腹鳍和臀鳍白色。

采集地：天津汉沽、塘沽、大港海域。

1.2.2.2　中颌棱鳀 *Thrissa mystax* (Bloch & Schneider, 1801)

英文名： Moustached thryssa。

地方名： 油鲦、长须、含梳。

形态特征：

　　体延长而侧扁，前部稍宽、后部稍窄。吻略钝，其长大于眼径。眼侧前位。口大而长，口裂超过头长之半，上颌略长于下颌。上颌骨末端尖形，向后伸达胸鳍基底。体被圆鳞，易脱落。鳞片上有 7 ～ 8 条横沟线，其间大多数不相连。腹缘具棱鳞，腹鳍前 17 枚，腹鳍后 10 ～ 12 枚。无侧线。背鳍起点介于吻端与尾鳍之间，具 1 棘 15 根鳍条。臀鳍起点位于背鳍终点的下方，36 根鳍条。胸鳍向后伸达腹鳍，具鳍条 12 根。腹鳍小，位于背鳍的前下方，具鳍条 7 根。尾鳍叉形。

　　体侧银白，背部青绿色，靠近鳃孔后方有一黄绿色大斑。背鳍青黄色，胸鳍和尾鳍黄色，腹鳍和臀鳍白色。

　　采集地： 天津汉沽、塘沽、大港海域。

1.2.3 黄鲫属 *Setipinna*

1.2.3.1 黄鲫 *Setipinna taty* (Cuvier & Valencinnes, 1848)

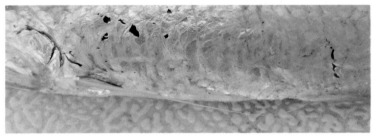

英文名： Scaly hairfin anchovy。

地方名： 麻口、黄鲦、毛口鱼、黄尖子、薄鲫。

形态特征：

体稍长，很侧扁。眼小，侧上位。吻短钝，其长小于眼径。口下位，大而侧斜。上颌稍长于下颌，上颌骨狭长，向后延伸不达鳃孔后缘。两颌、腭骨及基舌骨均具细牙。体被圆鳞。腹缘棱鳞在腹鳍前有 18 ~ 21 枚，腹鳍后有 7 ~ 8 枚。无侧线。背鳍起点与臀鳍起点相对。背鳍前方有一小棘，具有鳍条 12 ~ 14 根。臀鳍具鳍条 50 ~ 75 根，臀鳍基长，约占体长一半。胸鳍具鳍条 12 ~ 13 根，第一鳍条延长为丝状，向后达臀鳍起点。腹鳍具鳍条 6 ~ 7 根。尾鳍叉形。

体背青绿色，体侧银白色，吻和头侧中部为淡金黄色。

采集地： 天津汉沽、塘沽、大港海域。

2. 胡瓜鱼目 Osmeriformes

2.1 银鱼科 Salangidae

2.1.1 大银鱼属 *Protosalanx*

2.1.1.1 大银鱼 *Protosalanx hyalocranius* (Abbott, 1901)

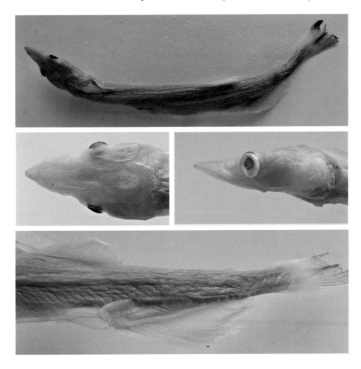

英文名：Clearhead icefish。

地方名：银鱼、面条鱼、黄瓜鱼。

形态特征：

体小型，体长一般 10 cm 左右。体长形，前部平扁，后部侧扁。头长且很平扁。吻尖，平扁。口上位。下颌长于上颌，上颌骨向后伸达眼中间的下方。体光滑无鳞，仅雄性臀鳍基部有一行鳞。无侧线。背鳍起点距胸鳍基较距尾鳍基为远。在背鳍与尾鳍之间有一小脂鳍，其位置与臀鳍后部相对。臀鳍完全位于背鳍后方。胸鳍基具发达的肉质叶。尾鳍叉形。

体白色，略透明。自头部背面可清晰地看到脑的形状。

采集地：天津潮白河、海河流域。

2.1.2 新银鱼属 *Neosalanx*

2.1.2.1 安氏新银鱼 *Neosalanx anderssoni* (Rendahl, 1923)

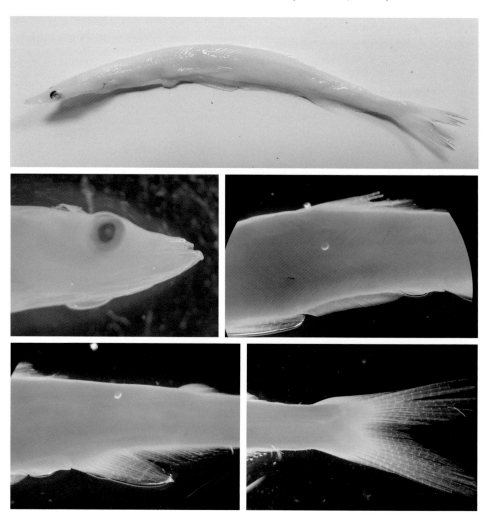

英文名：—

地方名：面条鱼、葫芦丝子、面丈鱼、黄瓜鱼。

形态特征：

体细长，近圆筒形，前部平扁，后部侧扁。头尖，平扁。吻短而圆钝。眼中大，中侧位，眼后缘距吻端与眼后头长约相等。眼间隔宽平。口中大，前位。下颌稍长于上颌。体无鳞，仅雄性臀鳍基上方具 1 行鳞，20 ～ 23 枚。无侧线。背鳍 1 个，位于体后部，起点距吻端为距尾鳍基的 1.6 ～ 1.9 倍。脂鳍很小，位于臀鳍后部鳍条上方。臀鳍起点紧位于背鳍末端后下方。胸鳍具发达的肌肉基。腹鳍起点距胸鳍起点比距臀鳍起点近。尾鳍叉形。

体乳白色，活体半透明。吻背部、鳃盖后缘及背部具明显黑色斑点，腹侧自胸鳍至尾鳍间每侧具 1 行黑点。尾鳍后端浅灰黑色。雌性成鱼色素较多，在体背部形成黑色带；雄鱼色素少。

采集地：天津海河流域。

2.2　胡瓜鱼科 Osmeridae

2.2.1　公鱼属 *Hypomesus*

2.2.1.1　池沼公鱼 *Hypomesus olidus* (Pallas, 1814)

英文名：Pond smelt。

地方名：公鱼、黄瓜鱼。

形态特征：

体长形，略侧扁。口裂稍大，下颌略长于上颌，上颌骨后伸至眼下缘。眼大，侧上位。体被圆鳞，侧线不完全。背鳍与腹鳍相对，背鳍 3 根硬棘，7～9 根鳍条。臀鳍 2～3 根硬棘，13～16 根鳍条。胸鳍 1 根硬棘，10～12 根鳍条，胸鳍位低，后伸不达腹鳍，有第二脂鳍。腹鳍 1 根硬棘，7～8 根鳍条。尾鳍分叉。

体背部灰褐色，向腹部渐为银白色；头部和体背侧部及鳍上均有分散排列的黑色斑点。性成熟个体沿体侧有一彩虹色纵条纹带。

采集地：天津海河流域。

2.2.1.2　西太公鱼 *Hypomesus nipponensis* McAllister, 1963

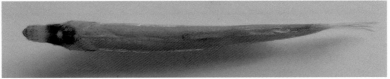

英文名：Japanese smelt。

地方名：公鱼。

形态特征：

体延长，侧扁，背缘近平直，腹缘弧形隆起。头小而尖，背部稍平，腹部倾斜。吻短而尖凸。眼较大，侧中位。口大，斜裂，端位。下颌稍长于上颌。体被中大圆鳞。侧线完全，沿体中轴延伸。侧线鳞 54 ～ 60 枚。背鳍 1 个，具鳍条 8 ～ 10 根，背鳍后具脂鳍 1 个。臀鳍基较长，具鳍条 12 ～ 19 根。胸鳍鳍条 11 ～ 19 根，中等长，下位。腹鳍窄小，7 ～ 9 根鳍条。尾鳍叉形。

体侧具 1 条银色带，自鳃盖部上方沿体中轴延伸至尾鳍基。头背部灰色，背鳍和尾鳍灰色，边缘色深。

采集地：天津海河流域。

3. 仙女鱼目 Aulopiformes

3.1 狗母鱼科 Synodidae

3.1.1 蛇鲻属 *Saurida*

3.1.1.1 长蛇鲻 *Saurida elongata* (Temminck & Schlegel, 1846)

英文名：Slender lizardfish。

地方名：河梭、神梭、香梭、沙梭、狗母鱼。

形态特征：

体延长，呈圆筒状，两端稍细，体前部和头平扁。吻钝圆。眼有透明的脂膜，眼间距宽、微凹。口大，前位，口裂长。鳃盖膜左右相连，但不与峡部相连。体被小圆鳞，头背无鳞，头侧颊部与鳃盖上被鳞。侧线发达，平直。侧线鳞凸出，在尾部更为明显。背鳍起于腹鳍后上方，有鳍条 11 ~ 12 根，脂鳍小，位于臀鳍基后半部的上方。臀鳍小于背鳍，具鳍条 10 ~ 11 根。胸鳍短小，向后不伸达腹鳍基，有鳍条 13 ~ 15 根。腹鳍条 9 根。尾鳍叉形。

体背和体侧暗褐色，腹部白色。胸、背、尾各鳍为浅灰色，后缘为黑色。腹鳍和臀鳍白色。

采集地：天津塘沽海域。

4. 鲤形目 Cypriniformes

4.1 鲤科 Cyprinidae

4.1.1 鱲属 *Zacco*

4.1.1.1 宽鳍鱲 *Zacco platypus* (Temminck & Schlegel, 1846)

英文名：Freshwater minnow。

地方名：桃花鱼、石鲹、白条。

形态特征：

体长，侧扁。口端位，上颌稍长于下颌。吻钝、唇厚。眼位于头侧，近吻端，鳞片较大。侧线完全，在身体前部弯曲，沿体近腹部后伸，达尾柄中。背鳍起点距吻端较距尾鳍基为近，具不分枝鳍条 2 根，分枝鳍条 7 根。胸鳍长，末端尖，其末端接近腹鳍起点，具不分枝鳍条 1 根，分枝鳍条 8 根。臀鳍具不分枝鳍条 3 根，分枝鳍条 8 根，其鳍条延长，可达尾鳍基。腹鳍具有长形尖状腋鳞。尾鳍深叉形。

活体的体色鲜艳，背部黑灰，腹白色。腹鳍为淡红色，胸鳍上有很多黑色斑点。体侧有 10～12 条垂直黑色条纹，条纹间有许多不规则粉红斑点。

采集地：天津蓟州北部山区溪流。

4.1.2 草鱼属 *Ctenopharyngodon*

4.1.2.1 草鱼 *Ctenopharyngodon idellus* (Cuvier & Valenciennes, 1844)

英文名：Grass carp。

地方名：鲩、鲩鱼、油鲩、草鲩、白鲩、草根、厚子鱼、海鲩、混子、黑青鱼。

形态特征：

体长，腹部圆而无棱，后部侧扁。头部平扁。吻钝。眼较小，侧位。口端位，上颌较下颌稍突出。口无须。侧线位于体侧中部，稍有弯曲，到尾部延至尾柄正中。背鳍无硬刺，具不分枝鳍条 3 根，分枝鳍条 7 根，起点与腹鳍起点相对，距吻端较距尾鳍基为近。臀鳍具不分枝鳍条 3 根，分枝鳍条 8 根。胸鳍不达腹鳍，具不分枝鳍条 1 根，分枝鳍条 16 根。腹鳍短，具不分枝鳍条 1 根，分枝鳍条 8 根。尾鳍深叉形。

体色茶黄色，背部青灰，腹部银白色。腹鳍和胸鳍灰黄色，其余各鳍颜色较淡。

采集地：天津各河流、水库。

4.1.3 大吻鳄属 *Rhynchocypris*

4.1.3.1 拉氏鳄 *Rhynchocypris lagowskii* (Dybowski, 1869)

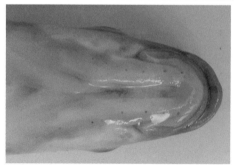

英文名：Amur minnow。

地方名：柳根、奶包子。

形态特征：

体略呈圆筒形，稍侧扁，腹部圆，尾柄长而低。头近锥形。吻尖。口裂稍斜，上颌长于下颌。眼间宽平，鳃孔中大，峡部窄。鳞细小，常不呈覆瓦状排列，胸、腹部具鳞。侧线完全，较平直。背鳍位于腹鳍的上方，起点至吻端的距离显著大于至尾鳍基的距离，具不分枝鳍条 3 根，分枝鳍条 7 根。臀鳍位于背鳍的后下方，具不分枝鳍条 3 根，分枝鳍条 3 根。胸鳍短，末端钝。尾鳍微凹形，上下叶约等长。

体土黄色至灰褐色，腹部色浅，体侧常有疏散的深色小点，背部正中自头后至尾鳍基有 1 条黑色纵带，体侧自鳃孔上角至尾鳍基有 1 条深色纵带。尾鳍基部有一边缘不明显的深色区域，背鳍、尾鳍和胸鳍浅黄灰色，腹鳍和臀鳍无色。

采集地：天津蓟州北部山区溪流。

4.1.4 鲦属 *Hemiculter*

4.1.4.1 鲦 *Hemiculter leucisculus* (Basilewsky, 1855)

英文名：Sharpbelly。

地方名：黄瓜鱼、白条。

形态特征：

体延长而侧扁。口端位，斜裂。头后背缘平直，几成一直线。腹部略凸，腹棱完全。头尖，略呈三角形，口端位，口裂向上倾斜。下咽齿圆锥形，尖端呈钩状。眼位于头的前部。侧线完整，侧线在胸鳍基部的后上方急剧向下弯折成明显的角度。背鳍起点在腹鳍起点的后上方，具 3 根不分枝鳍条，分枝鳍条 7 根，最后一根不分枝鳍条变为光滑的硬刺。臀鳍不分枝鳍条 3 根，分枝鳍条 11 ~ 14 根。胸鳍不分枝鳍条 1 根，分枝鳍条 12 ~ 13 根。腹鳍具不分枝鳍条 1 根，分枝鳍条 7 根。尾鳍深叉形。

体背部淡青灰色，体侧及腹部银白色。其他鳍均为浅黄色，尾鳍边缘黑色。

采集地：天津各河流、水库。

4.1.5　原鲌属 *Cultrichthys*

4.1.5.1　红鳍原鲌 *Cultrichthys erythropterus* (Basilewsky, 1855)

英文名：Predatory carp。

地方名：黄长条、翘嘴鲢子、白鱼、短鳍鲌。

形态特征：

体长而侧扁。头小，其背面平直。头后背部显著隆起。口小，口上位，口裂几乎垂直，下颌突出，上翘。侧线前端略向下弯曲，后段向上延至尾柄正中。腹棱完全，自胸鳍基部至肛门。背鳍具有 3 根强大而光滑的硬刺，具分枝鳍条 7 根，其起点在腹鳍至臀鳍起点的正中上方。臀鳍具不分枝鳍条 3 根，具分枝鳍条 24 ～ 29 根。胸鳍具不分枝鳍条 1 根，具分枝鳍条 14 ～ 15 根，末端接近腹鳍。腹鳍具分枝鳍条 1 根，具不分枝鳍条 8 根。尾鳍深叉。

体背部灰褐色，体侧和腹部银白色。背鳍和尾鳍的上叶青灰色，腹鳍、臀鳍及尾鳍下叶呈橘黄色。体侧上半部每个鳞片后缘有黑色斑点。腹腔膜银白色。

采集地：天津各河流、水库。

4.1.6 鲌属 *Culter*

4.1.6.1 翘嘴鲌 *Culter alburnus* (Basilewsky, 1855)

英文名： —

地方名： 翘嘴鲢子、大白鱼。

形态特征：

体长而侧扁。头部背面平直，后部微隆起。口上位，下颌厚大，急剧突出，上翘。眼大。侧线较直，纵贯体侧中下方。腹棱不完全，自腹鳍基部至肛门。背鳍起点在腹鳍基部和臀鳍起点之间的上方，具不分枝鳍条 3 根为硬刺，分枝鳍条 7 根。臀鳍起点约在体长 2/3 处，具不分枝鳍条 3 根，具分枝鳍条 21 ~ 25 根。胸鳍具不分枝鳍条 1 根，分枝鳍条 15 ~ 16 根，末端几达腹鳍基部。腹鳍具不分枝鳍条 1 根，具分枝鳍条 8 根，末端不达肛门。

体背部及体侧上部灰褐色，下部和腹面白色，各鳍灰色乃至灰黑色。

采集地： 天津海河流域、团泊水库。

4.1.7　鲂属 *Megalobrama*

4.1.7.1　鲂 *Megalobrama skolkovii* Dybowski, 1872

英文名：—

地方名：鲂鱼。

形态特征：

体高而侧扁，呈菱形，背缘较窄，腹部在腹鳍前缘，腹鳍至肛门具腹棱，尾柄短。头小而侧扁，头长小于体高。吻短，吻长稍大于眼径。口较小，口裂斜形。上、下颌约等长，上颌骨伸达鼻孔的下方，上、下颌角质发达，上颌角质低而长，呈新月形，边缘锐利。眼中大，位于头侧，眼后头长短于眼后缘至吻端的距离。眼间宽而圆突，眼间距大于眼径。鳃孔向前至前鳃盖骨后缘的下方，鳃盖膜连于峡部，峡部较窄。鳞中大，背、腹部鳞较体侧为小。侧线较平直，约位于体侧中央，向后伸达尾鳍基。背鳍位于腹鳍基的后上方，外缘斜直，上角尖形，第三不分枝鳍条为硬刺，刺粗壮而长，刺长一般长于头长，背鳍起点至吻端的距离小于至尾鳍基的距离或相等。臀鳍长，外缘凹入，起点与背鳍基末端相对。胸鳍尖形，末端到达或不达腹鳍起点。腹鳍位于背鳍起点之前的下方，其长短于胸鳍，末端不达肛门。尾鳍深叉，下叶稍长于上叶，末端尖形。

体灰黑色，腹侧银灰色。体侧鳞片中间浅色，边缘灰黑色。鳍灰黑色。

采集地：天津海河流域。

4.1.8 似鲚属 *Toxabramis*

4.1.8.1 似鲚 *Toxabramis swinhonis* Günther, 1873

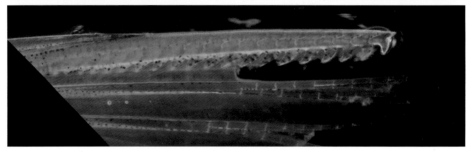

英文名：—

地方名：刺鳊、白条、短黄姑鱼。

形态特征：

体十分侧扁。头短而侧扁，眼大。侧线完全，在胸鳍上方急向下弯曲，沿腹侧至尾柄，向上折弯至尾柄中线。腹棱完整，从胸部直到肛门。背鳍起点位于吻端至最后鳞片的中点，具 3 根硬棘，最后一根硬棘后缘有明显锯齿，另有分枝鳍条 7 根。臀鳍具不分枝鳍条 3 根，分枝鳍条 16 ~ 18 根。胸鳍具不分枝鳍条 1 根，分枝鳍条 13 根。腹鳍具不分枝鳍条 1 根，分枝鳍条 7 根。尾鳍深叉形，下叶略长于上叶。

体银白色。背鳍灰黑，各鳍浅灰色。

采集地：天津海河流域。

4.1.9 鳙属 *Aristichthys*

4.1.9.1 鳙 *Aristichthys nobilis* (Richardson, 1844)

英文名： Bighead carp。

地方名： 花鲢、黑鲢、胖头鱼、大头鱼。

形态特征：

体长形，侧扁，背部稍高。腹部在腹鳍基之前较圆，腹鳍基之后至肛门有很窄的腹棱。头肥大，头长大于体高，故有胖头鱼之称。眼小，位于头侧的中轴之下。吻钝圆而宽，口端位，口裂稍向上倾斜。下咽齿非常平扁，表面光滑。口缘无小须。侧线完全，前段弯向腹方，向后延至尾柄正中。背鳍具不分枝鳍条 3 根，分枝鳍条 7 根。臀鳍具不分枝鳍条 3 根，具分枝鳍条 12 ~ 13 根。胸鳍具不分枝鳍条 1 根，分枝鳍条 17 根；胸鳍长，末端远超过腹鳍的基部。腹鳍具不分枝鳍条 1 根，具分枝鳍条 8 根。尾鳍深叉形。

体背部及体侧上半部微黑色，腹部银白色，体侧有许多不规则的黑色斑点。各鳍均呈灰白色，缀有许多黑色小斑点，故又称花鲢。性成熟后，在雄鱼胸鳍前边的几根鳍条上有向后倾斜的刀状齿，由后向前抚摸时有刺手的感觉，这是雄鱼性成熟的一种标志。

采集地： 天津各河流、水库。

4.1.10　鲢属 *Hypophthalmichthys*

4.1.10.1　鲢 *Hypophthalmichthys molitrix* (Cuvier & Valenciennes, 1844)

英文名：Silver carp。

地方名：白鲢、鲢子、胖头。

形态特征：

体长而侧扁，稍高。头大，头长约为体长的 1/4。眼小，位于头侧正中轴的下方。吻短，钝而圆。口很宽。下咽齿平扁，呈勺形。腹部狭窄，从喉部至肛门之间有发达的腹棱。侧线完全，前段微弯向腹方，向后延至尾柄正中。雄性成鱼的胸鳍下方有显著的角质突起。背鳍具不分枝鳍条 3 根，分枝鳍条 7 根，均较短。臀鳍具不分枝鳍条 3 根，具分枝鳍条 12 ～ 13 根。胸鳍具不分枝鳍条 1 根，具分枝鳍条 17 根。腹鳍具不分枝鳍条 1 根，具分枝鳍条 8 根，腹鳍不达臀鳍。尾鳍深叉形。

体银白色。偶鳍淡红色或灰白色，背鳍和尾鳍的边缘略黑色。

采集地：天津各河流、水库。

4.1.11　麦穗鱼属 *Pseudorasbora*

4.1.11.1　麦穗鱼 *Pseudorasbora parva* (Temminck & Schlegel, 1846)

英文名：Stone moroko。

地方名：罗汉鱼、砂鱼、麦穗儿。

形态特征：

体长而侧扁，尾柄较长。口小，上位。下颌略向上突起，且长于上颌。头略平扁。吻略尖且突出。眼大，眼间宽平。侧线一般完全，平直。背鳍具不分枝鳍条3根，具分枝鳍条7根，背鳍无硬刺。背、腹鳍起点与背鳍相对或稍前。臀鳍具不分枝鳍条3根，具分枝鳍条6根。胸鳍具不分枝鳍条1根，具分枝鳍条13根。腹鳍具不分枝鳍条1根，具分枝鳍条7根。

体背部及两侧上半部银灰黑色，腹部乳白色。自吻部经眼至尾鳍基有一黑色纵纹。体侧鳞片的、后缘具新月形的黑斑，幼鱼更明显。生殖期雄鱼体色深黑，各鳍浓黑色，吻部、颊部等处出现白色珠星。雌鱼体背和上半部浅橄榄绿色，产卵管稍外突。幼鱼通常在体侧正中轴从吻部经眼至尾鳍基有一黑色纵纹，后半部更为清晰。

采集地：天津各河流、水库。

4.1.12　鮈属 *Gobio*

4.1.12.1　棒花鮈 *Gobio rivuloides* Nichols, 1925

英文名：—

地方名：船丁鱼。

形态特征：

体延长，前部圆筒形，后部侧扁。头较短。吻较短，其长等于或小于眼后头长。口下位，弧形。唇简单，唇后沟中断。眼较小，侧上位。口角须 1 对，末端达到眼后缘。侧线鳞 40 ~ 42 枚。背鳍无硬刺，具不分枝鳍条 3 根，分枝鳍条 7 根。臀鳍短，距腹鳍起点近，具不分枝鳍条 3 根，分枝鳍条 6 根。胸鳍较短，具不分枝鳍条 1 根，分枝鳍条 7 根。腹鳍具不分枝鳍条 1 根，分枝鳍条 7 根，其末端超过肛门。尾鳍叉形。

体背灰褐，腹部白色。体侧有一条不明显的纵纹，具斑点 9 ~ 11 个，背部也有 8 ~ 11 个黑斑点。吻侧从眼向吻端有一黑纹，背鳍和尾鳍有条纹状黑点。胸、腹鳍为灰白色。

采集地：天津蓟州北部山区溪流。

4.1.13 棒花鱼属 *Abbottina*

4.1.13.1 棒花鱼 *Abbottina rivularis* (Basilewsky, 1855)

英文名：Chinese false gudgeon。

地方名：棒花鱼、沙锤、爬虎鱼、离水烂。

形态特征：

体较长。眼小，侧上位。口下位，呈马蹄形。唇厚面发达，上唇具不显著的褶皱，下唇中央有一对较大的肉质突起。上、下颌无角质边缘。口角具小须一对。体被圆鳞。侧线平直，完全。背鳍具不分枝鳍条3根，具分枝鳍条7根，背鳍无硬刺，位于背部最高处。臀鳍具不分枝鳍条3根，具分枝鳍条5根。胸鳍具不分枝鳍条1根，具分枝鳍条12根。腹鳍具不分枝鳍条1根，具分枝鳍条7根。尾鳍分叉，上叶稍长于下叶。

鱼体背部暗棕黄色，体侧棕黄色，腹部白色。雄性颜色鲜艳，雌性颜色较深。头部两侧从眼前缘至吻端有一黑色条纹。背部自背鳍起点至尾基有5个黑色大斑，体侧中轴上有7～8个不很明显的黑色斑点（雌鱼较显著）。各鳍浅黄色，背鳍和尾鳍上有许多黑斑点组成的条纹。在生殖期，雄鱼体色变鲜艳，头部为黑色，喉部呈紫红色，雄鱼胸鳍的不分枝鳍条变硬，其外缘及头部均有粗糙的白色珠星。

采集地：天津各河流、水库。

4.1.14　鱊属 *Acheilognathus*

4.1.14.1　大鳍鱊 *Acheilognathus macropterus* (Bleeker, 1871)

英文名：—

地方名：罗垫、大鳍刺鳑鲏。

形态特征：

体侧扁，略呈卵圆形，背部明显隆起。口端下位，略呈马蹄形。口角具 1 对很短的触须。侧线鳞 35～39 枚。背鳍具 3 根不分枝的鳍条，骨化为硬刺，分枝鳍条 11～14 根，背鳍起点位于吻端至最后鳞片的中点。臀鳍具 2 根不分枝的鳍条，骨化为硬刺，分枝鳍条 11～14 根。臀鳍起点位于背鳍基底下方。胸鳍具不分枝鳍条 1 根，分枝鳍条 14 根。腹鳍具不分枝鳍条 1 根，分枝鳍条 7 根。

幼鱼在背鳍前方有一大黑斑，成鱼在鳃孔后方有一不明显的黑点，在第四、第五侧线鳞上有一大黑点。体侧中部到尾柄有一条黑色纵纹，背鳍上有 3 列小黑点。体背部黄灰色，两侧银白。臀鳍最外缘为白边，白边里面衬 1 条黑色条纹，再往里有两串白点。雌性具产卵管。雄性生殖季节吻部具有白色珠星。

采集地：天津海河流域，于桥水库。

4.1.14.2　兴凯鱊 *Acheilognathus chankaensis* (Dybowsky, 1872)

英文名：Khanka spiny bitterling。

地方名：罗垫、黑臀刺鳑鲏。

形态特征：

　　体长而侧扁，且高，近纺锤形。头小，口端位。口角无须。侧线鳞 33 ~ 38 枚。背鳍具 3 根不分枝的鳍条，骨化为硬刺，分枝鳍条 12 ~ 15 根，背鳍起点具吻端比距尾鳍基近。臀鳍具 3 根不分枝的鳍条，骨化为硬刺，分枝鳍条 10 ~ 13 根，臀鳍起点位于背鳍基底中部下方。

　　体背部黄灰色，两侧银白。成体在第四、第五侧线鳞上有一蓝绿色斑点，体侧中部到尾柄有一条黑色纵纹。雄鱼臀鳍边缘镶以黑色边缘，尾鳍外白内黑。雌性具浅灰色产卵管。雄性生殖季节吻部具有白色珠星，鳍条上的小斑点变得明显，臀鳍边缘黑色带加宽。

　　采集地：天津海河流域，于桥水库。

4.1.15　鳑鲏属 *Rhodeus*

4.1.15.1　高体鳑鲏 *Rhodeus ocellatus* (Kner, 1866)

英文名：Rosy bitterling。

地方名：火镰片儿、火烙片儿。

形态特征：

体高而侧扁，略呈菱形。头小，口端位，无须。眼径大于吻长。头后背部隆起显著。体背圆鳞，侧线鳞不完整，只有 3 ~ 7 枚。背鳍具不分枝鳍条 2 根，分枝鳍条 10 ~ 11 根。臀鳍具不分枝鳍条 2 根，分枝鳍条 10 ~ 11 根。胸鳍具不分枝鳍条 1 根，分枝鳍条 6 根。

体侧具一暗蓝色色带，贯穿尾柄。雌鱼背鳍前部具一黑斑。成体雄性体色鲜艳，背侧与后部淡蓝色，腹部粉红色，背鳍浅灰色，前缘边缘粉红色，腹鳍前缘具白边，臀鳍粉色，尾鳍基部具一红斑。成体雌性体色暗淡。

采集地：天津海河流域，于桥水库。

4.1.16　鲫属 *Carassius*

4.1.16.1　鲫 *Carassius auratus* (Linnaeus, 1758)

英文名：Goldfish。

地方名：鲫瓜、金鱼、鲋。

形态特征：

　　体侧扁，较厚。头短小，吻钝圆。口端位，呈弧形，下颌稍向上斜，唇较厚。无须。侧线完全。背鳍具不分枝鳍条 3～4 根，具分枝鳍条 15～19 根；背鳍长，第三根不分枝鳍条为硬棘，硬棘后缘有锯齿，起点与腹鳍起点相对。臀鳍具不分枝鳍条 3 根，具分枝鳍条 5 根，第三根不分枝鳍条为硬棘，硬棘后缘有锯齿。胸鳍具不分枝鳍条 1 根，具分枝鳍条 16～17 根。腹鳍具不分枝鳍条 1 根，具分枝鳍条 8 根。尾鳍分浅叉。

　　体色随生活水体的不同而有差异，通常呈银灰色，背部颜色较深，灰黑色，腹部颜色较浅。各鳍灰色。

　　采集地：天津各河流、水库。

4.1.17 鲤属 *Cyprinus*

4.1.17.1 鲤 *Cyprinus carpio* Linnaeus, 1758

英文名：Common carp。

地方名：拐子、大鱼。

形态特征：

体长侧扁，背部隆起。头较小，口下位，呈马蹄形，上颌稍长于下颌。口角具须 2 对。前须长约为后须的一半。下咽齿 3 行，第二枚齿的齿冠上有 2 ~ 3 道沟纹。侧线鳞完全，且平直。背鳍长，最后一根不分枝鳍条强硬，后缘具锯齿。背鳍起点位置在腹鳍起点之前，距吻端比距尾鳍基部为近。臀鳍具不分枝鳍条 3 根，分枝鳍条 5 根，第三根不分枝鳍条为硬刺，后缘有锯齿。胸鳍末端圆，具不分枝鳍条 1 根，分枝鳍条 16 根。腹鳍具不分枝鳍条 1 根，分枝鳍条 8 根。尾鳍深叉形。

体色常随生活的水体不同而有变异，通常背部为灰黑色或黄褐色，腹部银白色或浅灰色，体侧带金黄色。背鳍和尾鳍基微黑色，尾下叶红色，偶鳍淡红色。各鳞片的后部有由多数小黑点组成的新月斑。

采集地：天津各河流、水库。

4.1.18　似鳊属 *Pseudobrama*

4.1.18.1　似鳊 *Pseudobrama simoni* (Bleeker, 1864)

英文名： 一

地方名： 刺鳊、扁脖、似鳊。

形态特征：

体侧扁，腹部较圆。头较短，口下位。唇较薄，角质边缘不发达。眼位于头侧而近吻端，眼径与吻等长。鼻孔在眼的上方，距眼较近。鳞中等大。侧线前端稍弯曲，最后延至尾柄正中。腹鳍基部有一狭长的腋鳞。肛门紧靠臀鳍起点。腹鳍基部至肛门之间有腹棱。背鳍具不分枝鳍条 3 根，分枝鳍条 7 根，第三根不分枝鳍条变为光滑硬刺，其起点距吻端比距尾鳍基为近。臀鳍具不分枝鳍条 3 根，分枝鳍条 9 ~ 10根，起点靠身体后部。胸鳍末端达到其起点至腹鳍起点间距离的 2/3 处，具不分枝鳍条 1 根，分枝鳍条 13 ~ 14 根。腹鳍具不分枝鳍条 1 根，分枝鳍条 8 根，起点在背鳍起点之前下方。

体背和体侧上部为黄褐或灰褐色，下侧和腹部银白色。奇鳍灰色，偶鳍基部浅黄色。

采集地： 天津海河流域。

4.2　鳅科 Cobitidae

4.2.1　泥鳅属 *Misgurnus*

4.2.1.1　泥鳅 *Misgurnus anguillicaudatus* (Cantor, 1842)

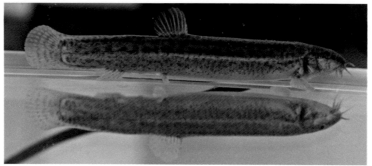

英文名：Pond loach。

地方名：泥鳅。

形态特征：

体延长，前部呈圆筒形，后部侧扁。头略尖，吻部向前突出。口下位，呈马蹄形。唇软，具细皱纹和小突起。眼小。口须 5 对，其中吻须 1 对，上颌须与下颌须各 2 对，吻须及上颌须长度与吻长相等，外侧一对下颌须之长为上颌须长的 1/2，而为内侧一对的 2 倍。体被极细小的圆形鳞，埋于皮下，头部无鳞。侧线完全。尾柄上下缘向外扩展。背鳍具不分枝鳍条 2 根，具分枝鳍条 7 根。臀鳍具不分枝鳍条 2 根，具分枝鳍条 5 ~ 6 根。腹鳍短小。尾鳍圆形。

体黄褐色，体表花纹有变化，无斑、具细小暗色斑点或具较大暗色斑块，尾柄基部靠上位置具一黑色斑点。背鳍和尾鳍鳍膜上的斑点排列成行，其他各鳍色浅。

采集地：天津各河流、水库。

4.2.1.2 黑龙江泥鳅 *Misgurnus mohoity* (Dybowski, 1869)

英文名：—

地方名：泥鳅。

形态特征：

体极延长，前部呈圆筒形，后部侧扁。头尖，吻部向前突出。口下位，呈马蹄形。唇软，具细皱纹和小突起。眼小。须5对，其中吻须1对，上颌须与下颌须各2对。体被极细小的圆形鳞，埋于皮下，头部无鳞。侧线完全。尾柄上下缘轻微向外扩展。背鳍具不分枝鳍条2根，分枝鳍条7根。臀鳍具不分枝鳍条2根，分枝鳍条5～6根。腹鳍短小。尾鳍圆形。

体黄褐色，体表花纹有变化，无斑、具细小暗色斑点或具较大暗色斑块，尾柄基部靠上位置具一黑色斑点。背鳍和尾鳍鳍膜上的斑点排列成行，其他各鳍色浅。

采集地：天津海河流域。

4.2.2 副泥鳅属 *Paramisgurnus*

4.2.2.1 大鳞副泥鳅 *Paramisgurnus dabryanus* Dabry de Thiersant, 1872

英文名：—

地方名：泥鳅。

形态特征：

体近圆筒形，后部侧扁，头较短。吻长小于眼后头长。口下位，马蹄形。下唇中央有一小缺口。吻须 1 对，上颌须与下颌须各 2 对。鼻孔靠近眼。眼被皮膜覆盖。眼下无刺。鳃孔小，鳃裂止于胸鳍基上侧。头部无鳞，体鳞较泥鳅为大。侧线完全，侧线鳞 112 ~ 116 枚。尾柄上脊较高而长，起点与背鳍基末端相连，末端与尾鳍相连。背鳍具不分枝鳍条 2 根，分枝鳍条 6 根。臀鳍具不分枝鳍条 2 根，分枝鳍条 5 根。胸鳍距腹鳍很远，具不分枝鳍条 1 根，分枝鳍条 10 根。腹鳍具不分枝鳍条 1 根，分枝鳍条 6 根。尾鳍圆形。

体背部及体侧上半部灰褐色，腹面白色。体侧具有许多不规则的黑褐色斑点。背鳍、尾鳍具黑色小点，其他各鳍灰白色。

采集地：天津各河流、水库。

4.2.3　花鳅属 *Cobitis*

4.2.3.1　中华花鳅 *Cobitis sinensis* Sauvage & Dabry de Thiersant, 1874

英文名：Siberian spiny loach。

地方名：花鳅。

形态特征：

体长呈圆筒形。被细鳞。侧线完全。体长为体高的 6.3 ～ 7.5 倍，为头长的 4.7 ～ 5.5 倍。尾柄长不及高的两倍。头小，吻尖。眼小，眼间隔狭窄，眼下缘有一分叉的眼下棘。口小，下位，有 3 对小触须。背鳍无硬棘，起点在腹鳍前，距吻端与尾鳍基约相等，具不分枝鳍条 3 根，分枝鳍条 7 根。

体淡褐色，腹部略呈黄色，背侧具较大的纵行黑斑。背鳍与尾鳍有几条黑斑，尾鳍基底有黑色斑点。

采集地：天津蓟州北部山区溪流，于桥水库。

4.2.4 高原鳅属 *Triplophysa*

4.2.4.1 达里湖高原鳅 *Triplophysa dalaica* (Kessler, 1876)

英文名：—

地方名：—

形态特征：

体延长，粗壮。体前部呈圆筒形，后部侧扁。尾柄较高。头部稍扁平，头宽大于头高。口下位。唇厚，上唇边缘有流苏状的短乳头状突起，下唇面多短乳头状突起和深皱褶。下颌匙状。须3对中等长，外吻须伸达眼前缘下方，颌须向后伸达眼后缘的下方。皮肤光滑无鳞。侧线完全。背鳍具3根柔软不分枝鳍条，7～8根分枝鳍条。臀鳍具不分枝鳍条3根，分枝鳍条5根。胸鳍具不分枝鳍条1根，分枝鳍条12根。腹鳍位置较后，腹鳍末端伸过肛门或到臀鳍基部起点，具不分枝鳍条1根，分枝鳍条7根。尾鳍后缘微凹入，上下两叶间等长或上叶稍长。

背、侧部浅褐色。背部和背鳍前、后各有4～8块深褐色块斑或横斑。体侧多不规则的深褐色块斑和扭曲的短横条。腹面浅黄色。

采集地：天津于桥水库。

4.2.5　须鳅属 *Barbatula*

4.2.5.1　北方须鳅 *Barbatula nuda* (Bleeker, 1864)

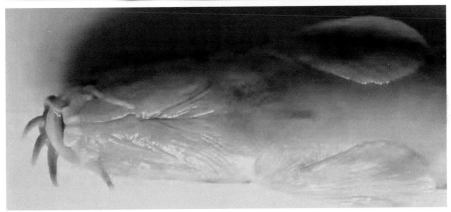

英文名：—

地方名：—

形态特征：

体细长，尾柄侧扁。头小。口下位。无眼下刺。须3对。下唇近口角处各有一向后延伸的唇突。背鳍起点和腹鳍起点相对。背鳍具2根不分枝鳍条，6～7根分枝鳍条。臀鳍具2根不分枝鳍条，4～5根分枝鳍条。尾鳍截形。

沿背部及体侧具一列黑褐色弓状斑，或体侧具很多弓状斑。不同水域的标本体色及弓斑有变化。

采集地：天津蓟州北部山区溪流。

5. 鲇形目 Siluriformes

5.1 鲇科 Siluridae

5.1.1 鲇属 *Silurus*

5.1.1.1 鲇 *Silurus asotus* Linnaeus, 1758

英文名： Amur catfish。

地方名： 鲇鱼、鲇巴。

形态特征：

体延长。头宽阔而平扁，头宽大于头高，尾侧扁。口宽大，前位，弧形。下颚突出。口角唇褶发达。牙齿细小。犁骨具许多绒毛状细齿。口须2对，上颌的1对向后伸过胸鳍基部。下颌须1对较短。眼小，侧上位。体光滑无鳞，富有黏液，黏液孔发达，侧线上黏液孔1行。背鳍有4～5根鳍条，位于腹鳍之前上方。臀鳍长，后端与尾鳍相连，具70～83根鳍条。胸鳍圆，具有1棘，12～13根鳍条，雄鱼胸鳍棘前缘有锯齿。尾鳍小，圆形凹。

体灰棕色，下侧淡黄色，腹面白色，体侧隐具黑色斑块。各鳍灰黑色。

采集地： 天津各河流、水库。

5.2 鲿科 Bagridae

5.2.1 黄颡鱼属 *Tachysurus*

5.2.1.1 黄颡鱼 *Tachysurus fulvidraco* (Rrichardson, 1846)

英文名：Yellow catfish。

地方名：嘎鱼、黄蜡丁。

形态特征：

体长，腹面平直，尾柄侧扁细长。头大，向前渐平直。上、下颌近等长。口大，下位。上、下颌及颚骨具有绒毛状齿带。眼小，侧上位，眼间隆起。须4对，其中鼻须1对，上颌须1对，末端达胸鳍基部；下颌须2对，较上颌须短。体裸露，无鳞，黏液腺发达。背鳍有2棘，6～7根鳍条，棘后缘有锯齿。臀鳍条20～25根。脂鳍较臀鳍短，并与之相对。胸鳍有1棘，7～8根鳍条，棘前后缘均有锯齿。尾鳍叉形。

体黄色，有暗色纵带和横带纹，尾鳍上下叶有一黑色的纵带纹。各鳍灰褐色。

采集地：天津各河流、水库。

6. 鳗鲡目 Anguilliformes

6.1 鳗鲡科 Anguillidae

6.1.1 鳗鲡属 *Anguilla*

6.1.1.1 日本鳗鲡 *Anguilla japonica* Temminck & Schlegel, 1847

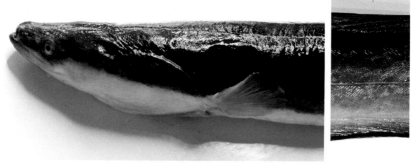

英文名：Japanese eel。

地方名：白鳝、白鳗、河鳗、鳗鱼、青鳝、风鳗、日本鳗。

形态特征：

体细长，蛇状，前部近圆筒状，后部侧扁。头短，吻部平扁。眼小，埋于皮下。鼻孔每侧两个，前鼻孔具短管，位于吻端侧方，后鼻孔呈裂缝状，接近眼的前方。口大，下颌长于上颌。上、下颌牙呈带状排列，各分三行，中间一行稍大。鳞小，埋于皮下，呈席纹状排列。侧线孔明显。背鳍、臀鳍均长，且与尾鳍连在一起。

体背侧灰绿色，有时隐具暗色黑斑。腹侧白色，中部浅绿色。

采集地：天津汉沽、大港海域。

7. 颌针鱼目 Beloniformes

7.1 鱵科 Hemiramphidae

7.1.1 下鱵属 *Hyporhamphus*

7.1.1.1 间下鱵 *Hyporhamphus intermedius* (Cantor, 1842)

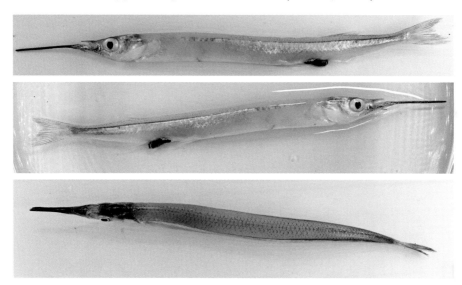

英文名：Asian pencil halfbeak。

地方名：单针鱼、针鱼、针良鱼、颌针鱼。

形态特征：

体延长，侧扁，扁柱形，背、腹缘平直，尾部颇侧扁。头中大，前方尖突，顶部及颊部平坦。吻较短。眼大，圆形，上侧位。口小，平直。上颌骨与颌间骨愈合为三角形，其长大于宽。下颌突出，延长成一扁平长喙。上颌短小，其顶部呈三角形，被鳞。下颌延长线呈喙状，喙长略等于头长。体被较大圆鳞。侧线下侧位，始于峡部后方，止于尾鳍基下叶基部稍前方；在胸鳍下方具一分枝。背鳍位于背部远后方，边缘稍内凹。臀鳍与背鳍同形，几乎相对，臀鳍起点位于背鳍第一至第三根鳍条下方，边缘稍内凹。胸鳍较短。腹鳍短小。尾鳍浅叉形，下叶长于上叶。

体背侧灰绿色，体侧下方及腹部白色，体侧自胸鳍基至尾鳍基有一较窄银灰色纵带。顶部、头背部、喙部、吻端边缘、尾鳍边缘为黑色，其余各鳍淡色。

采集地：天津海河下游水域。

7.2 颌针鱼科 Belonidae

7.2.1 柱颌针鱼属 *Strongylura*

7.2.1.1 尖嘴柱颌针鱼 *Strongylura anastomella* (Valenciennes, 1846)

英文名：—

地方名：—

形态特征：

体细长，呈扁柱形，背腹两缘几乎平行。吻特别突出，向前形成细长的喙。头长，顶部扁平。口裂大，下颌略长于上颌。两颌均有两种牙齿：一种是细小的尖形齿，呈带状排列，位于外侧；另一种为大而稀疏的犬形齿，呈单行排列，位于内侧。体被小型圆鳞，排列不规则，且易脱落。侧线位于体之腹侧缘，其鳞较一般鳞片为大。背鳍 16 ～ 19 根鳍条，背鳍位于尾部，臀鳍之第 7 ～ 第 8 根鳍条的上方。臀鳍22 ～ 24 根鳍条，臀鳍与背鳍同形。胸鳍小，11 ～ 12 根鳍条。腹鳍位于体中后部，鳍条 6 根。尾鳍截形，稍凹。

身体背侧蓝绿色，体下侧和腹侧银白色。背部中线具 1 条暗绿色纵带，身体两侧各有一条暗绿色纵带，从头后伸达尾鳍前缘。头顶翠绿色，半透明。

采集地：天津海河下游水域。

注：图片来自 https://zukan.com/fish/internal587

7.3 青鳉科 Adrianichthyidae

7.3.1 青鳉属 *Oryzias*

7.3.1.1 中华青鳉 *Oryzias sinensis* Chen, Uwa & Chu, 1989

英文名：Japanese rice fish。

地方名：双眼、大头鱼、大眼贼。

形态特征：

体小，长形，侧扁，背部平直，腹部圆凸而窄。口小，上位。下颌延长，形成横裂。口角无须。眼大，位于头的顶部，眼间隔宽而平。头部自后向前逐渐扁平。头顶和鳃盖被有鳞片。体被圆鳞。无侧线。背鳍位于身体后部，背鳍条 6 根。臀鳍起点远在背鳍前方，鳍基较长，鳍条 15 ~ 21 根。胸鳍位置较高，鳍条 14 根。腹鳍不发达。肛门靠近臀鳍。尾鳍截形，微内凹。

体背青灰色，腹部及各鳍灰白色。体侧上部有 1 条黑色条纹，从鳃盖后缘延伸至尾柄中部。

采集地：天津各河流、水库。

8. 刺鱼目 Gasterosteiformes

8.1　刺鱼科 Gasterosteidae

8.1.1　多刺鱼属 *Pungitius*

8.1.1.1　中华多刺鱼 *Pungitius sinensis* (Guichenot, 1869)

英文名：Amur stickleback。

地方名：九刺鱼、刺鱼。

形态特征：

　　体细长而侧扁，尾柄很细。头吻尖长。口端位，中等大。下颌较上颌长，两颌生有细齿。眼大，位于头的前部。全身除尾基两侧被薄鳞外，其余均裸露无鳞。第一背鳍由分离的交错排列的9个鳍棘组成。第二背鳍与臀鳍相对，具鳍条9～12根。臀鳍具1棘9～10根鳍条。腹鳍胸位，特化成锥状之棘。尾截形，微凹。

　　体背部绿黑色，体侧黄绿色而带黑斑，腹面白色。

采集地：天津蓟州北部山区溪流。

8.2 海龙科 Syngnathidae

8.2.1 海龙属 *Syngnathus*

8.2.1.1 尖海龙 *Syngnathus acus* Linnaeus, 1758

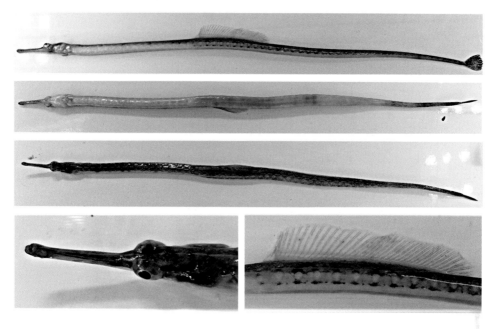

英文名：Greater pipefish。

地方名：海龙、鞋底索、杨枝鱼、钱串子。

形态特征：

　　体细长，呈鞭状，躯干呈七棱形，尾部四棱形。腹部中央棱微凸出。头长而尖，吻细长呈管状，在吻上有一光滑的背中棱。口小，位于吻管末端，无牙齿。鳃小，退化成小孔状，位于鳃盖的后上方。躯干的上侧棱和尾部的上侧棱不相连，躯干的中侧棱和尾部的上侧棱相连，躯干的下侧棱和尾部的下侧棱相连。体表之骨片呈鳞片状，其上有明显的条纹，光滑而不粗糙，骨片之间尚有小骨片，也很光滑。背鳍从第一尾环开始，鳍之长度与头长略等，止于第9尾骨环，具 39 ~ 45 根鳍条。臀鳍很小，位于肛门之后。胸鳍具 13 ~ 14 根鳍条，位于鳃盖的后方。尾鳍亦为扇状。

　　体灰褐色。

采集地：天津汉沽、塘沽、大港海域。

8.2.2　海马属 *Hippocampus*

8.2.2.1　日本海马 *Hippocampus japonicus* Kaup, 1856

英文名：Japanese seahorse。

地方名：海马。

形态特征：

体小而侧扁，腹部突起。头部冠状突起矮小，上有不突出的钝棘。躯干呈七棱形，尾部四棱形，尾的后端逐渐变细，呈卷曲状。吻管状，很短，短于眼后头长。口小，端位，口张开时呈半圆形。无齿。鳃盖凸出，鳃孔小，位于鳃盖后上方。背鳍1个位于体后，16～17根鳍条。臀鳍很小，位于肛门后方，具4根鳍条。胸鳍短呈扇状，位于鳃盖后方，12～13根鳍条。无腹鳍和尾鳍。全身包以骨环，以背侧棱棘为最发达，腹侧棘次之。

体暗褐色，头上吻部及体侧有斑纹。能直立游动，游泳缓慢，能以卷尾卷附在海藻上。

采集地：天津汉沽、塘沽、大港海域。

9. 鲻形目 Mugiliformes

9.1 鲻科 Mugilidae

9.1.1 平鲛属 *Planiliza*

9.1.1.1 鲛 *Planiliza haematocheila* (Temminck & Schlegel, 1845)

英文名：So-iuy mullet。

地方名：红眼、肉棍子、赤眼梭。

形态特征：

体细长，前部为亚圆筒形，后端侧扁，背缘平直，腹部圆形。头短宽，平扁。吻短宽，吻长大于眼径。眼小，橘红色，位于头部背侧前方，脂眼睑不发达。背鳍2个。第一背鳍由4个鳍棘组成，第一鳍棘最长，各鳍棘间以膜相连，第一背鳍起点距吻端较距尾鳍基部为近。第二背鳍具1个棘8根鳍条，第二鳍条最长，起点与臀鳍起点相对，或稍前于臀鳍起点。臀鳍具3个鳍棘9根鳍条。胸鳍短宽，具16～17根鳍条。腹鳍稍小，具1个棘5根鳍条。尾鳍后缘微凹。

体青灰色，两侧浅灰色，腹部银白色，体侧上方有黑色纵纹数条。

采集地：天津塘沽、汉沽、大港海域，海河、潮白河、永定新河下游水域。

9.1.2　鲻属 *Mugil*

9.1.2.1　鲻 *Mugil cephalus* Linnaeus, 1758

英文名：Flathead grey mullet。

地方名：白眼、青头、鲻鱼、乌头、白眼梭鱼。

形态特征：

　　体长粗壮，前部近圆筒形，后部侧扁。头短，平坦，两侧略隆起。吻端钝圆。眼中等大，脂眼睑发达。口下位，八字形。口裂小而平横，两颌牙齿呈绒毛状。体被圆鳞。无侧线。犁骨腹面中间平直，两侧突起稍延长，中筛骨背面呈弧形，匙骨刺状突起细长。背鳍 2 个，第一背鳍由 4 个鳍棘组成，第一鳍棘最长，起点距吻端与距尾鳍基约相等。第一背鳍基部两侧及胸鳍的腋部具尖瓣状的大鳞。腹鳍间有一个三角形瓣状大鳞。尾鳍深分叉。

　　头及体背面青蓝黑色，腹部白色，体的两侧上半部有 7 条黑色纵条纹，背鳍、胸鳍、尾鳍浅灰色。

采集地：天津汉沽、塘沽、大港海域。

10. 银汉鱼目 Atheriniformes

10.1 银汉鱼科 Atherinidae

10.1.1 下银汉鱼属 *Hypoatherina*

10.1.1.1 瓦氏下银汉鱼 *Hypoatherina valenciennei* (Bleeker, 1854)

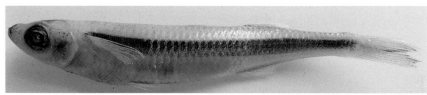

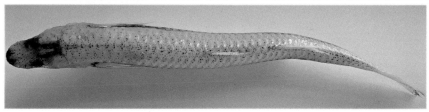

英文名： Sumatran silverside。

地方名： 银汉鱼。

形态特征：

体长形，侧扁。头短而尖，背面宽平。吻短钝。眼大，侧上位。眼间隔宽，微凹。鼻孔每侧 2 个，位于眼前方。口小，前位，斜裂。上、下颌等长，前颌骨能伸缩；上颌骨后端伸达眼前缘下方。前鳃盖骨边缘具突起，鳃盖骨边缘光滑。体被大圆鳞，头部无鳞。无侧线。背鳍 2 个，分离，第一背鳍具 5 个鳍棘，7 ~ 11 根鳍条。胸鳍具 14 ~ 15 根鳍条。尾鳍分叉。

体银白色，吻端黑色，头顶及体背部具黑色小点，体侧具 1 条宽的银灰色纵带。尾鳍灰黑色，其余各鳍浅色。

采集地： 天津塘沽海域。

11. 合鳃鱼目 Synbranchiformes

11.1 合鳃科 Synbranchidae

11.1.1 黄鳝属 *Monopterus*

11.1.1.1 黄鳝 *Monopterus albus* (Zuiew, 1793)

英文名：Asian swamp eel。

地方名：鳝鱼。

形态特征：

体呈蛇形，前部圆，后部渐细。头部上下隆凸。头高大于体高。口大，端位。口裂深，上、下颌和腭骨均有绒毛状细齿。唇发达。眼小，侧上位。两鳃孔愈合，开口于腹面，形成"V"字形。体表光滑，无鳞。侧线孔不明显。背鳍和臀鳍均退化仅形成皮褶。无胸鳍和腹鳍。尾鳍短小，尾部尖细。

体侧上部黄褐色或灰黑色，体侧下部及腹部黄色或黄灰色。全身散布有大小不等的黑点。

采集地：天津潮白河，于桥水库。

12. 鲈形目 Perciformes

12.1 鳢科 Channidae

12.1.1 鳢属 *Channa*

12.1.1.1 乌鳢 *Channa argus* (Cantor, 1842)

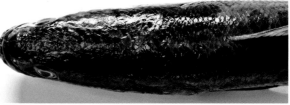

英文名：Snakehead。

地方名：黑鱼、生鱼。

形态特征：

体长，前部呈圆筒形，后部逐渐为侧扁形。头部较长略扁平。吻短宽而扁，前端钝圆。口大，端位，口裂后延至眼之大后方，下颌稍突出。上颌、下颌、犁骨及腭骨具尖细的齿。眼小，侧上位。体被小圆鳞，头部鳞片的形状不规则。侧线起于鳃孔的后上方，向下斜行至臀鳍起点处变直，伸延至尾鳍基部。背鳍极长，自胸鳍上方起直达尾鳍基，背鳍条 47 ~ 53 根。臀鳍起自腹中，后延至尾柄前方，具 32 ~ 34 根鳍条。胸鳍较宽，后缘呈圆形。腹鳍较小，次胸位。肛门位于臀鳍起点之前。

体背部及体侧暗黑色，腹部色较淡。体侧有许多青黑色不规则花斑，头侧自眼后有 3 条纵行黑色条纹。上侧 1 条起自吻端，经眼后延至鳃孔上角。下 2 条均起自眼下，沿头侧止于胸鳍基部。背鳍、臀鳍、尾鳍上有黑白相间的花纹。胸鳍、腹鳍淡黄色；胸鳍基部有一黑色斑点。

采集地： 天津各河流、水库。

12.2　花鲈科 Lateolabracidae

12.2.2　鲈属 *Lateolabrax*

12.2.2.1　花鲈 *Lateolabrax japonicus* (Cuvier, 1828)

英文名：Japanese seabass。

地方名：鲈板、花鲈。

形态特征：

体长而侧扁。背腹面钝圆，背缘在背鳍前方隆起，后方弧度甚小，稍有波状起伏。口大，下颌稍长于上颌。两颌、犁骨及腭骨均具绒毛状牙齿。前鳃盖骨后缘有细锯齿，后角具1个大棘，下缘向后有3个棘，鳃盖骨具1个棘。两个背鳍距离很近。鳍基相连。第一背鳍有发达的鳍棘12个，以第5鳍棘最长。第二背鳍具有1个鳍棘，12～14根鳍条，以第三鳍条最长。臀鳍具有3个鳍棘，7～8根鳍条，第二鳍棘最强大。胸鳍短，16～18根鳍条。腹鳍有1个棘5根鳍条。尾鳍分叉。

体上侧灰绿色，下部灰白色。体侧及背鳍棘部散布有黑色斑点，此斑点随年龄的增长而消失。背鳍及尾鳍灰色，边缘黑色。

采集地：天津塘沽、汉沽、大港海域，海河下游。

12.3 真鲈科 Percichthyidae

12.3.1 鳜属 *Siniperca*

12.3.1.1 鳜 *Siniperca chuatsi* (Basilewsky, 1855)

英文名：Mandarin fish。

地方名：季花、桂鱼、花鲫。

形态特征：

体较高、侧扁，头大，呈三角形。口大，端位，上颌骨延伸至眼后缘，下颌骨稍突出。上颌、下颌、梨骨均具绒毛状小齿，且两颌部分小齿扩大呈犬状齿。鳃耙 7~8 个。前鳃盖骨后缘呈锯齿状，具 4~5 个大棘；鳃盖骨后角有 2 个平扁的棘。体被小圆鳞，峡部下侧有鳞。侧线由背侧向尾柄部呈半月状弯曲。背鳍前部有硬棘 11~12 个，后部具鳍条 13~15 根。臀鳍具鳍棘 3 个，鳍条 9~11 根。胸鳍具鳍棘 1 个，鳍条 13 根。腹鳍具鳍棘 1 个，鳍条 6 根。尾鳍圆形。

体灰青色，腹部灰白色，体侧具有不规则的暗棕色斑块，自吻端穿过眼眶至背鳍前下方有一狭长黑色带纹。背鳍、尾鳍、臀鳍均有暗棕色条纹。体色可随生存环境的不同有一定变化，有时颜色很深。

采集地：天津于桥水库。

12.4　石首鱼科 Sciaenidae

12.4.1　叫姑鱼属 *Johnius*

12.4.1.1　皮氏叫姑鱼 *Johnius belengerii* (Cuvier & Valenciennes, 1830)

英文名：Belanger's croaker。

地方名：叫姑子、小白鱼、叫姑鱼、加网。

形态特征：

　　体长而侧扁。头短而圆钝。吻突出长椭圆形，吻上有 4 个孔。口下位，上颌较下颌短。颏孔 5 个，无须。眼大，上侧位。前鳃盖骨边缘有细小锯齿，鳃盖骨后缘有 2 个扁棘。侧线发达，位较高，在体侧呈弯弓形，尾柄部为直线形。背鳍基部相连，具 10 ~ 11 个鳍棘，27 ~ 31 根鳍条，鳍棘部与鳍条部中间有一深凹。臀鳍具 2 个鳍棘，8 ~ 10 根鳍条，末端不达到腹鳍尖端。腹鳍具 1 个棘 5 根鳍条，第一鳍条上延长呈丝状。尾柄细长，尾鳍楔形。

　　体背缘淡灰色，两侧及下方银白色。背鳍鳍棘部边缘灰黑色，鳃盖部黑色。

采集地：天津汉沽、塘沽、大港海域。

12.4.2　梅童鱼属 *Collichthys*

12.4.2.1　棘头梅童鱼 *Collichthys lucidus* (Richardson, 1844)

英文名：—

地方名：棘头、大头宝、大头鱼。

形态特征：

体长形而侧扁。头大而圆钝，额部隆起，高低不平。头骨具黏液腔，除头的后方具前后两棘外，中间还有 2 ～ 3 个小刺。吻短而钝。眼较小，眼间宽而凸。两颌具细小的尖齿，呈带状。鼻孔 2 个。口前位，口裂大而深斜，口角达于眼后缘。下颌颏部无孔。体及头部均被薄小圆鳞，极易脱落。背鳍起点在胸鳍起点的上方，背鳍鳍棘部与鳍条部间有一凹刻，具 7 ～ 8 个鳍棘，24 ～ 28 根鳍条。臀鳍起点与背鳍第 10 至第 11 根鳍条相对，具 2 个鳍棘，11 ～ 13 根鳍条。背鳍、臀鳍鳍棘均细弱。胸鳍长而尖，尖端稍超过腹鳍尖端，具鳍条 19 根。腹鳍的起点稍后于胸鳍的起点，不达于臀鳍，有 1 个鳍棘，9 根鳍条。尾鳍楔形，末端尖圆。

体上部灰褐色，腹侧面金黄色，背鳍鳍棘部边缘及尾鳍末端黑色。鳃盖白色或灰白色。

采集地：天津汉沽、塘沽、大港海域。

12.4.3　黄鱼属 *Larimichthys*

12.4.3.1　小黄鱼 *Larimichthys polyactis* (Bleeker, 1877)

英文名：Yellow croaker。

地方名：黄花鱼、花鱼、黄鱼。

形态特征：

　　体长而侧扁。尾柄长大于尾柄高。吻短而钝尖，口宽阔而倾斜。上颌骨向后伸达眼后缘下方。眼间宽凸，大于眼径。下颌部无颏须，颏部有 6 个不明显小孔。鳃盖骨后缘有 2 个扁棘，前鳃盖骨边缘有小锯齿。头部及体前部被圆鳞，体后部被栉鳞，仅头的腹面无鳞。侧线在体前部向上弯曲，后部平直。背鳍起点在胸鳍基部的上方，鳍棘部与鳍条部间有一凹刻，具 9 个鳍棘，31 ～ 36 根鳍条，第一鳍棘细弱，第三鳍棘最长。臀鳍起点稍后于背鳍鳍条中部，具有 2 个鳍棘，9 根鳍条。胸鳍长尖，末端稍超过腹鳍末端，具 19 根鳍条。腹鳍起点稍后于胸鳍起点，有 1 个棘，5 根鳍条。尾鳍楔形。

　　背面和上侧面灰黄色，下侧面和腹面因发光腺体多而呈金黄色，背鳍边缘灰黄色。唇橘红色。

采集地：天津塘沽海域。

12.4.4 黄姑鱼属 *Nibea*

12.4.4.1 黄姑鱼 *Nibea albiflora* (Richardson, 1846)

英文名：Yellow drum。

地方名：铜罗、黄姑子、黄婆、春子。

形态特征：

　　体长圆形而侧扁。尾柄长大于尾柄高。吻短钝，吻端具小孔 4 个，上 3 个，下 1 个。口大而斜。上颌稍长于下颌，后端达眼下方。颏部有 5 个小孔，中间孔常具有一圆形小突起，无颏须。背鳍鳍棘部与鳍条部连续，之间有一深凹，具 11 个鳍棘，28 ~ 30 根鳍条，第一鳍棘最小，第二、第三鳍棘最长。臀鳍具 2 个鳍棘，7 根鳍条，起于背鳍第 15 根鳍条下方，第二鳍棘粗大。胸鳍尖长，大于腹鳍，具 18 根鳍条。腹鳍具 1 个棘，5 根鳍条。尾鳍楔形。

　　体背缘淡灰色，两侧灰黄色，有很多黑褐色波状细纹斜向前下方，但不与侧线下方的条纹连续。腹面黄白色，背鳍灰褐色，鳍棘部上方为黑色，鳍条部的基部有一灰白色纵纹。

　　各鳍基部均有一个灰褐色小点。其他各鳍为淡黄白色，臀鳍及尾鳍上稍有小褐点。

　　采集地：天津汉沽海域。

12.5 锦鳚科 Pholidae

12.5.1 锦鳚属 *Pholis*

12.5.1.1 方氏锦鳚 *Pholis fangi* (Wang & Wang, 1935)

英文名：—

地方名：高粱叶、面条鱼、海泥鳅。

形态特征：

体长弓形，呈小带状，侧扁。头短小，光滑无棘突。口小，前位。前颌齿短粗。鳃孔大。左右鳃膜相连，与峡部分离。体头被微小的圆鳞。无侧线。背鳍一个，低而长，末端与尾鳍相连，由78～79个鳍棘组成。臀鳍由2个鳍棘和39～42根鳍条组成，与背鳍相似，起于背鳍第31鳍棘下方。腹鳍喉位，短小，有1个鳍棘，1根鳍条。胸鳍较长，有15～16根鳍条。尾鳍长圆形，基本上下分别与背鳍鳍条相连。

体淡黄褐色，腹部较淡。自眼间到眼下有一个黑褐色条纹。背部及体侧均有14～15个黑褐色云状斑纹，各斑纹的中央均有一单色横纹。背鳍、臀鳍及尾鳍也有黑褐色云状斑。胸鳍无色。

采集地：天津汉沽、塘沽、大港海域。

12.6 鲭科 Scombridae

12.6.1 马鲛属 *Scomberomorus*

12.6.1.1 蓝点马鲛 *Scomberomorus niphonius* (Cuvier, 1832)

英文名：Japanese Spanish mackerel。

地方名：鲅鱼、燕鱼、马鲛。

形态特征：

体长而侧扁。背缘及腹缘微曲，体高在胸鳍末端最高，向后逐渐变细。头中等大，头长大于体高。吻长。口大，微斜，口裂后缘微超过眼后缘。上、下颌等长。两颌牙齿尖锐，排列疏松，腭骨具颗粒状齿带，基舌骨无齿。尾柄细，每侧有 3 条隆起脊，中央脊长而高。体被小圆鳞，在胸鳍基部上方鳞片较大。背鳍 2 个，两背鳍间的距离较小；第一背鳍基长，其起点在胸鳍基上方，有 19 ～ 20 个鳍棘，以第二鳍棘最长，向后逐渐缩短，鳍棘细弱，可折藏于背沟中；第二背鳍短，前端隆起，有鳍条 15 ～ 16 根。臀鳍与第二背鳍同形，有鳍条 17 ～ 18 根，其起点在第二背鳍第四鳍条之下。第二背鳍和臀鳍之后，有 8 ～ 9 个分离的小鳍。胸鳍短，有鳍条 20 ～ 22 根。腹鳍小，有 1 个鳍棘，5 根鳍条，位于胸鳍基下微后。尾鳍大，分叉深。尾柄有 3 条隆起脊。

体背部青蓝色，腹部银灰色，体侧具数列黑色圆形斑点。

采集地：天津汉沽、塘沽、大港海域。

12.7 鲳科 Stromateidae

12.7.1 鲳属 *Pampus*

12.7.1.1 银鲳 *Pampus argenteus* (Euphrasen, 1788)

英文名：Silver pomfret。

地方名：平鱼、白鲳、长林、车片鱼、鲳鱼。

形态特征：

体侧扁，近菱形。头小。口小，微斜，上、下颌不能活动，两颌具三尖齿一行。细小圆鳞，鳞片极易脱落。侧线完整，位高，呈弧形，与背鳍平行。背鳍前有 6 ~ 9 个小棘，尖锐，呈戟状，只在幼鱼期明显，成鱼则埋于皮下。臀鳍与背鳍相同，前方也有不明显的戟状鳍棘 6 ~ 7 个。胸鳍长大。无腹鳍。尾鳍深叉形，下叶长于上叶（幼体下叶具黑色长线）。

体背部青灰色，腹部银白色，多数鳞片具细微的黑色小点。

采集地：天津汉沽、塘沽、大港海域。

12.8 舒科 Sphyraenidae

12.8.1 舒属 *Sphyraena*

12.8.1.1 油舒 *Sphyraena pinguis* Günther, 1874

英文名：Red barracuda。

地方名：尖嘴梭、香梭、牛棢、竹签。

形态特征：

体细长，呈纺锤形，背部和腹部钝圆。头长尖，背视呈三角形。头顶自吻向后至眼间距处有两对纵嵴，中间一对明显，止于头的后部，两侧的较短，止于前鼻孔之间。吻长，前端尖。眼大，高位。口大，微倾斜。下颌突出，长于上颌。鳃孔宽。鳃盖膜分离，不连于峡部。体被较小圆鳞。侧线上侧位，稍偏背方，后端伸至尾鳍基底。背鳍 2 个，第一背鳍具 5 个鳍棘，起点约与腹鳍相对，第一鳍棘最长；第二背鳍位于臀鳍上方，具 1 个棘，9 根鳍条；第三鳍条最长。臀鳍与第二背鳍同形，具 2 个棘，9 根鳍条。胸鳍小，具 13 根鳍条。腹鳍位于胸鳍后下方，具 1 个鳍棘，5 根鳍条。尾鳍分叉。

体上部暗褐色，腹部银白色。背鳍、胸鳍及尾鳍淡灰色，尾鳍后缘黑色。

采集地：天津汉沽海域。

12.9 虾虎鱼科 Gobiidae

12.9.1 犁突虾虎鱼属 *Myersina*

12.9.1.1 长丝犁突虾虎鱼 *Myersina filifer* (Valenciennes, 1837)

英文名：Filamentous shrimpgoby。

地方名：刺嘛虎、长丝虾虎鱼。

形态特征：

体延长，侧扁。尾柄稍长。头中大，稍侧扁。吻短，圆钝。眼中大，背侧位。眼间隔狭窄，稍隆起。口大。鳃孔大。体被小圆鳞。无侧线。背鳍2个，分离；第一背鳍甚高，前5个棘丝状延长；第二背鳍较低，约等于体高。臀鳍与第二背鳍同形。胸鳍宽圆。左右腹鳍愈合成1个吸盘。尾鳍尖圆形，大于头长。

体黄绿色，稍带红色。体侧具5～6条暗红色横带，最后1条位于尾鳍基。项部具1条暗褐色横带。颊部和鳃盖有亮蓝色小点，各点边缘暗色。第一背鳍第一至第二鳍棘间具一椭圆形黑斑，第二背鳍具二纵行暗色斑纹。尾鳍淡黄色，鳍膜暗色，具6条暗色横纹。

采集地：天津汉沽海域。

12.9.2 刺虾虎鱼属 *Acanthogobius*

12.9.2.1 斑尾刺虾虎鱼 *Acanthogobius ommaturus* (Richardson, 1845)

英文名：Asian freshwater goby。

地方名：海刺嘛虎、海鲇鱼、海鲇逛子。

形态特征：

体延长，前部粗壮呈圆筒形，后部细而侧扁。尾柄短。头宽大，稍扁平。头部具 3 个感觉管孔。吻较长，圆钝。眼小，上侧位。眼间隔平坦。口大，前位。上颌稍长于下颌。上颌具尖牙 1 ~ 2 行，下颌具牙 2 ~ 3 行。犁骨、腭骨及舌上均无牙。唇发达。舌游离，前端近截形。鳃孔宽大。鳃盖膜与峡部相连。具假鳃。鳃耙短。体被栉鳞，头部除颊部及鳃盖骨被鳞外，其余裸露无鳞。无侧线。背鳍 9 ~ 10 根硬棘，19 ~ 22 根鳍条。臀鳍 15 ~ 28 根鳍条。胸鳍 20 ~ 22 根鳍条。腹鳍有 1 个鳍棘，5 根鳍条。尾鳍 16 ~ 17 根鳍条。背鳍 2 个，分离；第一背鳍平放时不伸达第二背鳍起点；第二背鳍基底长，平放时不伸达尾鳍基。臀鳍与第二背鳍同形、相对。胸鳍尖圆形，下侧位。腹鳍小，左右腹鳍愈合成 1 个吸盘。尾鳍尖长。

体黄褐色，腹部近白色，头部具不规则暗色斑块，颊部下缘色浅。亚成体体侧常有数个黑（深）色斑块，成年个体深色斑块相对不明显。第一背鳍淡黄色，上缘橘黄色，第二背鳍有 3 ~ 5 个纵行深色点纹。臀鳍色浅，下缘橘黄色，成年个体橘黄色尤为显著。胸鳍和腹鳍淡黄色。尾鳍灰褐色，下缘具浅色边缘，尾柄末端具一边缘模糊的深色斑块。

采集地：天津汉沽、塘沽、大港海域。

12.9.3　钝尾虾虎鱼属 *Amblychaeturichthys*

12.9.3.1　六丝钝尾虾虎鱼 *Amblychaeturichthys hexanema* (Bleeker, 1853)

英文名：—

地方名：六线长鲨、海刺嘛虎、海鲇鱼、海鲇逛子。

形态特征：

体颇延长，前部亚圆筒形，后部稍侧扁，尾部细长而侧扁。头较大，宽而扁平。头部具 2 个感觉管孔。吻中长，圆钝。眼大，上侧位。眼间隔窄。口大，前位。下颌稍突出。上颌具尖牙 2 行，下颌前部具牙 3 行，后部具牙 2 行。犁骨、腭骨及舌上均无牙。唇较发达。舌宽大，游离，前端截形。颏部有短小触须 3 对。鳃孔大。鳃盖膜与峡部相连。具假鳃。鳃耙细弱。体被栉鳞，头部鳞小，颊部、鳃盖及项部均被鳞。背鳍有 7 个鳍棘，14～17 根鳍条。臀鳍 12～15 根鳍条。胸鳍 21～23 根鳍条。腹鳍有 1 个鳍棘，5 根鳍条。尾鳍 16～17 根鳍条。背鳍 2 个，分离；第一背鳍具 8 个鳍棘，平放时接近或伸达第二背鳍起点；第二背鳍平放时几乎伸达尾鳍基。臀鳍与第二背鳍相对，基底短。胸鳍尖圆，下侧位。腹鳍中大，左右腹鳍愈合成 1 个吸盘。尾鳍尖长。

体黄褐色，体侧有 4～5 个暗色斑块，纵向排列。第一背鳍边缘黑色，其余各鳍灰色。

采集地：天津汉沽、塘沽、大港海域。

12.9.4 矛尾虾虎鱼属 *Chaeturichthys*

12.9.4.1 矛尾虾虎鱼 *Chaeturichthys stigmatias* Richardson, 1844

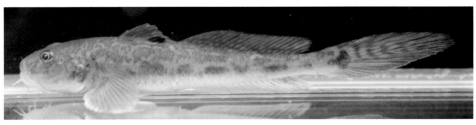

英文名：Branded goby。

地方名：矛尾鱼、尖尾虾虎鱼、海刺嘛虎、海鲇鱼、海鲇逛子。

形态特征：

体颇延长，前部亚圆筒形，后部侧扁，尾部细长而侧扁。头宽扁。头部具 3 个感觉管孔。吻圆钝。眼小，上侧位。眼间隔平坦而略宽。口大，前位。下颌稍突出。上、下颌各具尖牙 2 行，排列稀疏。犁骨、腭骨及舌上均无牙。唇发达。舌宽大，游离，前端圆形。颏部有短小触须 3 ~ 4 对。鳃孔大。鳃盖膜与峡部相连。具假鳃。鳃耙细长。体被圆鳞，头部仅吻部无鳞，其余部分被小圆鳞。背鳍 2 个，分离；第一背鳍具 8 个鳍棘，第二背鳍具 1 个鳍棘，22 ~ 23 根鳍条。臀鳍具 1 个鳍棘，18 ~ 19根鳍条。胸鳍具 21 ~ 24 根鳍条。腹鳍具 1 个鳍棘 5 根鳍条。尾鳍具 17 ~ 21 根鳍条。第一背鳍平放时不伸达第二背鳍起点；第二背鳍基底长，平放时不伸达尾鳍基。臀鳍与第二背鳍相对，基底短。胸鳍宽圆，下侧位。腹鳍中大，左右腹鳍愈合成 1 个吸盘。尾鳍尖，中部极延长。

体灰黄褐色，腹部近白色，头部和背部具不规则暗色斑纹。第一背鳍第五鳍棘至第八鳍棘间鳍膜具 1 个大黑斑。胸鳍具暗色斑纹。臀鳍和腹鳍淡色。尾鳍有 4 ~ 5条暗色弧形纹。

采集地：天津汉沽、塘沽、大港海域。

12.9.5 缰虾虎鱼属 *Amoya*

12.9.5.1 普氏缰虾虎鱼 *Amoya pflaumi* (Bleeker, 1853)

英文名：Striped sandgoby。

地方名：条虾虎鱼。

形态特征：

体颇延长，前部圆筒形，后部侧扁。头较大，背面圆凸。头部具 6 个感觉管孔。吻圆钝。眼中大，上侧位。眼间隔狭窄。口中大，前位。下颌稍突出。上、下颌具细牙多行，下颌外行最后的牙扩大呈犬牙。犁骨、腭骨及舌上均无牙。唇厚。舌游离，前端截形。鳃孔中大。鳃盖膜与峡部相连。具假鳃。鳃耙短钝。体被大型栉鳞，头部的颊部及鳃盖部裸露无鳞。无侧线。背鳍 2 个，分离；第一背鳍具 6 个鳍棘，第二背鳍具 1 个鳍棘，9 ~ 10 根鳍条。臀鳍具 1 个鳍棘，10 根鳍条。胸鳍具 17 ~ 18 根鳍条。腹鳍具 1 个鳍棘，5 根鳍条。尾鳍具 17 ~ 18 根鳍条。第一背鳍鳍棘柔弱，平放时不伸达第二背鳍起点；第二背鳍基底长，平放时不伸达尾鳍基。臀鳍与第二背鳍同形、相对。胸鳍尖圆，下侧位。左右腹鳍愈合成 1 个吸盘。尾鳍尖圆。

体浅灰褐色，体背侧及体侧鳞片具暗色边缘。体侧具 2 ~ 3 条褐色点线状纵带，并具 4 ~ 5 个黑斑。鳃盖部下部具 1 个小黑斑，颊部及体侧具若干淡蓝灰色闪光斑点。第一背鳍近基底部具 1 行黑色纵带。第二背鳍具 4 ~ 5 行褐色纵行点线。臀鳍外缘深色。胸鳍和腹鳍灰色。尾鳍具数条不规则横带，尾鳍基部具 1 个暗色圆斑。

采集地：天津汉沽、塘沽、大港海域。

12.9.6 吻虾虎鱼属 *Rhinogobius*

12.9.6.1 子陵吻虾虎鱼 *Rhinogobius giurinus* (Rutter, 1897)

英文名：—

地方名：虾虎、石鱼、爬石猴。

形态特征：

体延长、身体前部圆筒形，尾柄处略侧扁。头中等大，稍平扁。口前位，斜裂，上、下颌均具细齿 2 行。眼小，背侧位，眼间隔内凹，较窄。体被栉鳞，鳞片较大，吻部、胸部、腹部、鳃盖部等无鳞。无侧线。背鳍 2 个，分离，第一背鳍由鳍棘组成，鳍棘柔软，基部短。第二背鳍基部较长。臀鳍与第二背鳍同形。胸鳍侧下位，圆形。腹鳍左右愈合成吸盘。尾鳍长圆形。

体黄褐色，背深腹浅，体侧常有 6 ～ 7 个黑色纵斑。眼前有数条蠕虫状条纹。背鳍中部有一较宽的鲜黄色纹，外缘具一黄褐色边纹。胸鳍基部有一黑斑。尾鳍有数行斑纹。

采集地：天津各河流、水库。

12.9.6.2　波氏吻虾虎鱼 *Rhinogobius cliffordpopei* (Nichols, 1925)

英文名：—

地方名：刺嘛虎儿。

形态特征：

体延长，身体前部圆筒形，尾柄处略侧扁。口小，前位，斜裂。眼小，背侧位，眼间隔内凹，较窄。体被栉鳞，吻部、胸部、腹部、鳃盖部等无鳞。无侧线。背鳍2个，分离，第一背鳍由鳍棘组成，鳍棘柔软，其起点位于胸鳍基部后上方，基部短。第二背鳍基部较长，与臀鳍相对。臀鳍与第二背鳍同形。胸鳍宽圆形，下侧位。腹鳍左右愈合成吸盘。尾鳍长圆形。

体黄褐色，背深腹浅，体侧常有6～7个深褐色纵斑，眼前无蠕虫状条纹。第一背鳍前部具一蓝色亮斑，各鳍灰黑色。

采集地：天津各河流、水库。

12.9.7　缟虾虎鱼属 *Tridentiger*

12.9.7.1　纹缟虾虎鱼 *Tridentiger trigonocephalus* (Gill, 1859)

英文名：Chameleon goby。

地方名：胖头鱼、虎头鱼。

形态特征：

体延长，粗壮，前部圆筒形，后部略侧扁。头中等大，稍平扁。头部具6个感觉管孔。吻较长。眼较小，位于头的前半部。眼间平坦。口中等大，前位。上、下颌具 2 行牙。犁骨、腭骨及舌上均无牙。唇厚。舌游离。头部无须。鳃孔较宽。鳃盖膜与峡部相连。鳃耙短而钝尖。体被中等大栉鳞，头部无鳞。无侧线。背鳍 2 个，分离；平放时，雄鱼鳍棘可伸达第二背鳍起点。臀鳍与第二背鳍相对，同形。胸鳍宽圆，下侧位，最上方鳍条游离。腹鳍中等大，膜盖发达，左右腹鳍愈合成 1 个吸盘。尾鳍后缘圆形。

体浅灰至黄褐色，腹部色浅。体侧具 2 条黑褐色纵带。头侧散布许多白色小圆点。第一背鳍和第二背鳍各具 4 行暗色横纹。臀鳍灰黑色，边缘色浅。胸鳍灰蓝色，基部有一黑斑。尾鳍浅色，具 4～5 条暗色横纹。

采集地：天津海河下游、潮白河、独流减河、永定新河。

12.9.7.2 髭缟虾虎鱼 *Tridentiger barbatus* (Günther, 1861)

英文名：Shokihaze goby。

地方名：钟馗虾虎鱼、胖头鱼。

形态特征：

体延长，粗壮，前部亚圆筒形，后部略侧扁。头大，稍平扁。头部具 3 个感觉管孔。吻宽短。眼小，上侧位。眼间隔稍宽，平坦。口宽大，前位。上、下颌具 2 行牙。犁骨、腭骨及舌上均无牙。头部具许多触须，穗状排列。吻缘具须 1 行，稍后方具触须 1 行，向后均延伸至颊部。下颌腹面具须 2 行。眼后至鳃盖上方具小须 2 簇。峡部宽大。鳃盖膜与峡部相连。鳃耙短而钝尖。体被中等大栉鳞，头部和胸部无鳞。无侧线。背鳍 2 个，分离；第一背鳍具 6 个鳍棘，第二背鳍具 1 个鳍棘，10 根鳍条。臀鳍具 1 个鳍棘，9～10 根鳍条。胸鳍具 21～22 根鳍条。腹鳍具 1 个鳍棘 5 根鳍条。尾鳍具 18～19 根鳍条。第二背鳍与第一背鳍等高或稍高。臀鳍与第二背鳍同形。胸鳍宽圆。腹鳍边缘内凹，左右腹鳍愈合成 1 个吸盘。尾鳍后缘圆形。

体浅黄褐色，腹部色浅，体侧常具 5 条宽阔的深灰色横带。第一背鳍具 2 条深色斜纹。第二背鳍具 2～3 条暗色纵纹。胸鳍和尾鳍灰黑色，具 5～6 条暗色横纹。

采集地：天津汉沽、塘沽、大港海域。

12.9.8 栉孔虾虎鱼属 *Ctenotrypauchen*

12.9.8.1 小头栉孔虾虎鱼 *Ctenotrypauchen microcephalus* (Bleeker, 1860)

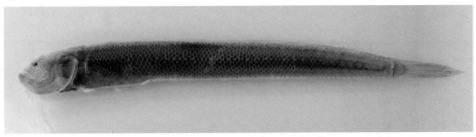

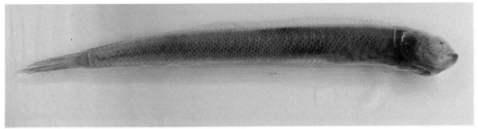

英文名： Comb goby。

地方名： 红虫、钢条、高粱叶。

形态特征：

体颇延长，呈带状，侧扁，背缘和腹缘几乎平直。头短而高，侧扁，头后中央具一纵顶嵴，顶嵴边缘具细小锯齿。头侧具许多分散的感觉孔突。吻短而钝。眼极小，上侧位，几乎埋于皮下。眼间隔狭窄，稍凸。口小，前位。下颌长于上颌，下颌突出。上、下颌各具 2 ~ 3 行向内弯曲的小牙，排列稀疏。犁骨、腭骨及舌上均无牙。唇较厚。舌游离，前端圆形。鳃孔中大，侧位。鳃盖上方具一凹陷。峡部较宽。鳃盖膜与峡部相连。具假鳃。鳃耙短而细尖。体被细小圆鳞，头部、项部、胸部及腹部裸露无鳞。无侧线。背鳍具 6 个鳍棘，47 ~ 54 根鳍条。臀鳍具 43 ~ 49 根鳍条。胸鳍具 15 ~ 17 根鳍条。腹鳍具 1 个鳍棘 4 ~ 5 根鳍条。尾鳍具 16 ~ 18 根鳍条。背鳍连续，鳍棘较硬，鳍条部高于鳍棘部，背鳍后端有膜与尾鳍相连。臀鳍后部鳍条有膜与尾鳍相连。胸鳍短小。左右腹鳍愈合成 1 个吸盘。尾鳍长尖形。

体淡紫红色，幼体红色。各鳍色浅，较透明。

采集地： 天津汉沽、塘沽、大港海域。

12.9.9 狼牙虾虎鱼属 *Odontamblyopus*

12.9.9.1 拉氏狼牙虾虎鱼 *Odontamblyopus lacepedii* (Temminck & Schlegel, 1845)

英文名：—

地方名：小狼鱼、盲条鱼、红尾虾虎。

形态特征：

体颇延长，呈带状，前部亚圆筒形，后部侧扁。头中大，侧略圆。头侧具许多感觉孔突，不规则排列。吻短，圆钝。眼极小，退化，埋于皮下。眼间隔宽，圆凸。口大，前位。下颌稍长于上颌，下颌稍突出。上颌牙尖锐，弯曲，犬牙状，外行牙每侧 4 ~ 6 个，露于唇外；下颌缝合部内侧具犬牙 1 对。舌稍游离，前端圆形。鳃孔中大，侧位。峡部较宽。鳃耙短小而圆钝。体裸露光滑，鳞片退化。无侧线。背鳍具 6 个鳍棘，38 ~ 40 根鳍条。臀鳍具 1 个鳍棘，37 ~ 41 根鳍条。胸鳍具 31 ~ 34 根鳍条。腹鳍具 1 个鳍棘 5 根鳍条。尾鳍具 15 ~ 17 根鳍条。背鳍连续（第一背鳍与第二背鳍相连），鳍棘细弱，背鳍后端有膜与尾鳍相连。臀鳍与背鳍鳍条部同形、相对，后部鳍条有膜与尾鳍相连。胸鳍较宽大，鳍条末端延长，形成无鳍膜相连的丝状分裂。腹鳍大，左右腹鳍愈合成 1 个吸盘。尾鳍长尖形。

体淡红色或灰紫色。背鳍、臀鳍和尾鳍黑褐色。

采集地：天津汉沽、塘沽、大港海域。

12.9.10　裸身虾虎鱼属 *Gymnogobius*

12.9.10.1　栗色裸身虾虎鱼 *Gymnogobius castaneus* (O'Shaughnessy, 1875)

英文名：Biringo。

地方名：刺嘛虎。

形态特征：

体延长，前部亚圆筒形，以第一背鳍基底为最宽，后部渐细而略侧扁，尾柄最细。头中等大，前部背方略扁平，头长大于体高。吻稍长。吻长大于眼径，圆钝。眼小，上侧位。鼻孔每侧2个，分离。口中大，近前位，斜裂。下颌微长于上颌，雄鱼上颌骨末端伸达眼后缘下方或稍前，雌鱼上颌骨末端仅伸达眼中部下方或稍后。颏部无须。颊部具1条眼下感觉乳突线，由眼下缘向前伸至上颌中部，其下为3条水平状的纵行感觉乳突线。峡部宽大，鳃盖膜与峡部相连。鳞较小，体侧具小型弱栉鳞60枚以上。头顶无鳞，顶部及背鳍前方具小鳞。无侧线。第一背鳍竖起时后缘圆，鳍棘细弱；第二背鳍前部鳍条稍短，后部鳍条较长。臀鳍与第二背鳍相对，前部鳍条稍短，后部鳍条较长。胸鳍尖圆形，下侧位，上部无游离丝状鳍条。臀鳍尖圆形，左、右腹鳍愈合成1个吸盘。尾鳍钝圆。

雌性个体头部和体呈灰褐色，体侧具 1 条细的浅黄色纵线及 6 个边缘模糊的浅黄色斑块，纵向排列，体前端第二枚斑块面积最大，斑块随靠近尾柄而渐小。眼大，瞳孔泛蓝，眼前下方至上颌中部具 1 条深褐色条纹。第一背鳍灰色，边缘色深，具 3 条栗褐色斑点形成的纵走色带；第二背鳍灰色，具 4 条栗褐色斑点形成的纵走色带。尾鳍色浅，边缘略深，具数条栗褐色细点形成的无规则波纹。胸鳍无色，透明。腹鳍与臀鳍均为深灰色。

采集地：采自海河下游区域，数量很少，疑为天津地区首次记录。

12.9.11 弹涂鱼属 *Periophthalmus*

12.9.11.1 弹涂鱼 *Periophthalmus modestus* Cantor, 1842

英文名：Shuttles hoppfish。

地方名：泥猴、海兔、跳跳鱼、蹦溜狗鱼。

形态特征：

体延长，侧扁，尾柄较长。头宽大，稍侧扁。吻短而圆钝，背缘斜直隆起。头和鳃盖部无任何感觉管孔。吻褶发达，边缘游离。眼较小，外突于背侧，行动灵活，可收入眼窝中。眼间隔狭窄。口宽大，前位。上颌长于下颌。两颌牙各1行，尖锐。犁骨、腭骨及舌上均无牙。唇较厚，发达。舌宽圆，不游离。颏部无须。鳃孔狭小，侧位。峡部较宽。鳃盖膜与峡部相连。鳃耙细弱。体被小圆鳞。无侧线。背鳍2个，分离；第一背鳍较高，扇形，平放时可伸达第二背鳍起点；第二背鳍基较长。臀鳍基长，与第二背鳍同形。胸鳍尖圆，基部肌肉发达，呈臂状肌柄。左右腹鳍愈合成1个心形吸盘。尾鳍圆形。

体深灰褐色。眼泛蓝。头部两侧自吻褶至鳃盖后缘具密集的珠状细点，体侧具若干褐色小斑点。第一背鳍浅深灰色，边缘白色。第二背鳍上缘浅色，中部具1条黑色纵带，此色带下缘具1条白色纵带。臀鳍浅灰色，边缘白色。胸鳍黄褐色（浅灰色）。腹鳍灰褐色。尾鳍深灰褐色。

采集地：天津汉沽滩涂。

12.10　沙塘鳢科 Odontobutidae

12.10.1　黄鲡属 *Micropercops*

12.10.1.1　小黄鲡鱼 *Micropercops cinctus* (Dabry de Thiersant, 1872)

英文名：—

地方名：石榴鱼，刺嘛虎儿、黑山根。

形态特征：

体长侧扁。头大，侧扁。口大，端位，斜裂，下颌稍突出于前方。上、下颌齿 1 行，犁骨与腭骨无齿。眼大，侧上位。体被栉鳞。纵列鳞 29 ~ 34 枚。鳃耙 11 ~ 12 个。背鳍 2 个，分离。腹鳍胸位，左右分离不愈合。尾鳍圆形。无侧线。

体淡褐，略带黄色，体侧具 12 ~ 15 条暗灰色横纹。背鳍具有 4 列暗色线纹。尾鳍亦有数列暗色斑点。其他各鳍无色。雄性繁殖季节自臀鳍基至尾柄末端呈现鲜艳的杏黄色。

采集地：天津各河流、水库。

12.11 丝足鲈科 Osphronemidae

12.11.1 斗鱼属 *Macropodus*

12.11.1.1 圆尾斗鱼 *Macropodus ocellatus* Cantor, 1842

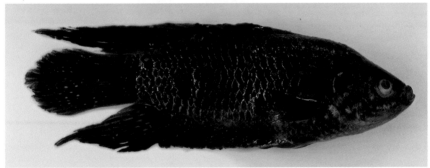

英文名：Paradisefish。

地方名：斗鱼、布鱼、太平鱼。

形态特征：

体方长形，侧扁。口小，上位，斜裂。体被鳞，头部为圆鳞，体侧为栉鳞，鳞片较大，臀鳍基部及背鳍基较长，后半部有鳞鞘。纵列鳞 24 ~ 29 枚。背鳍及臀鳍有延长的分枝鳍条。背鳍具硬棘 14 ~ 18 个，软鳍条 6 ~ 8 根；臀鳍具硬棘 17 ~ 21 个，软鳍条 9 ~ 12 根。腹鳍胸位，第一根鳍条为硬棘，第二、第三根为软鳍鳍条且向后延长。尾鳍圆形，尾柄甚短。

体黑褐色。体侧具深蓝色横带 12 ~ 14 条，鳃盖后缘具蓝色圆斑。背鳍、臀鳍、尾鳍呈微红色。雄鱼体色更鲜艳。

采集地：天津各河流、水库。

12.12　带鱼科 Trichiuridae

12.12.1　带鱼属 *Eupleurogrammus*

12.12.1.1　小带鱼 *Eupleurogrammus muticus* (Gray, 1831)

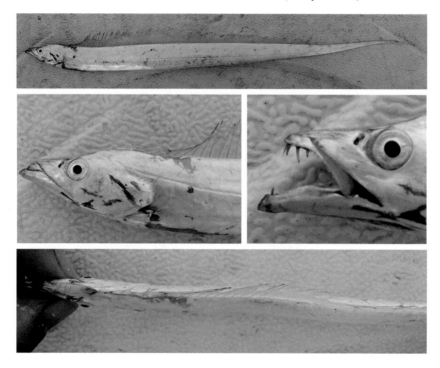

英文名：Smallhead hairtail。

地方名：小金叉、骨带、小带。

形态特征：

体长而侧扁，呈带状。体前部背缘和腹缘几近平行，体中部较宽，后部渐细，呈鞭状。吻尖。眼大，侧上位，眼间隔凸起。口大，上颌前端具钩状犬形齿 4 个，两侧各有 10 个；下颌前端有犬形齿 2 个，两侧各有 8 个。侧线几呈直线形，在胸鳍上方不显著弯曲。背鳍长，约占背部之全长，有 124 ~ 135 根鳍条，鳍条在中央处为最高，两侧较低。臀鳍 95 ~ 105 根鳍条，刺端部露出皮外。胸鳍小，有 10 ~ 11 根鳍条。腹鳍退化，呈小片状突起。尾呈鞭状。

体银白色，尾黑色。

采集地：天津汉沽、大港海域。

12.13　鲔科 Callionymidae

12.13.1　鲔属 *Callionymus*

12.13.1.1　朝鲜斜棘鲔 *Callionymus koreanus* Nakabo, Jeon & Li, 1987

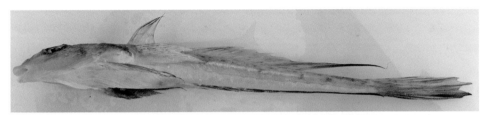

英文名：Korean dragonet。

地方名：箭头鱼。

形态特征：

体长、平扁，向后渐尖，尾柄后端圆柱状。头部平扁，自背面看为三角形。吻平扁。口前位，小弧形。下颌较上颌短，上颌能伸缩。前鳃盖骨棘后端向上弯曲，上缘有3个小刺，外侧有一向前倒棘。侧线1条，侧位而高。背鳍2个。第一背鳍具4个鳍棘，第二背鳍有10根鳍条，最后一鳍条最长，且基部分为二叉。臀鳍具10鳍条，最后鳍条二叉状。胸鳍具20根鳍条。腹鳍具1个鳍棘5根鳍条。尾鳍长圆形，具10根鳍条。

体背侧黄灰褐色，有灰白斑。腹侧灰白。雄鱼第一背鳍鳍膜具蓝白色斑纹。第二背鳍有3～4行蓝白色纵的细斑纹。

采集地：天津汉沽、塘沽、大港海域。

12.14　石鲷科 Oplegnathidae

12.14.1　石鲷属 *Oplegnathus*

12.14.1.1　斑石鲷 *Oplegnathus punctatus* (Temminck & Schlegel, 1844)

英文名：Spotted knifejaw。

地方名：硬壳仔、黑石立、斑鲷、黑嘴。

形态特征：

体呈长卵圆形，侧扁而高。头小，背缘斜直。眼中等大，上侧位。眼间隔宽而圆凸。口较小，端位，不能伸缩。上、下颌约等长。两颌牙与颌骨相愈合，各牙间隙充满石灰质，形成一坚固的骨喙。腭骨无牙。鳃孔大。前鳃盖骨边缘具细锯齿，鳃盖骨后缘具一扁棘。鳃盖膜不与峡部相连。背鳍鳍棘部与鳍条部相连，鳍棘部发达，各鳍棘折叠时可收藏于背部浅沟内。尾鳍微凹或截形。

体灰褐色，有银白光泽。头部、体侧、胸鳍及各奇鳍基部密布许多黑斑。

采集地：天津塘沽海域。

13. 鲉形目 Scorpaeniformes

13.1 鲉科 Scorpaenidae

13.1.1 平鲉属 *Sebastes*

13.1.1.1 许氏平鲉 *Sebastes schlegelii* Hilgendorf, 1880

英文名：Korean rockfish。

地方名：黑石鲈、黑寨、黑头、黑老婆、黑鲪。

形态特征：

头及体呈长椭圆形，侧扁。吻突及鼻棘显著。眼上缘有眼前棘及眼后棘，眼后棘上方有一鼓棘。眼尖棘后方有一显著的顶枕棱，棱后端为一低棘。口大。下颌较长。眶前骨下缘有 3 个鳍棘。前鳃盖骨边缘具 5 个鳍棘。鳃盖骨后上角具 2 个鳍棘。背鳍 1 个，分鳍棘部与鳍条部，具 8 个鳍棘 12 根鳍条。鳍棘部与鳍条部之间有一大凹刻。臀鳍具 3 个鳍棘 7 根鳍条，第二鳍棘最粗壮。胸鳍圆形，17 ~ 18 根鳍条，下方第 8、第 9 根鳍条粗壮。腹鳍胸位，具 1 个鳍棘 5 根鳍条。尾鳍截形，后缘圆凸。

体灰黑褐色，腹面灰白色。体侧有许多不规则的小黑点。眼下有 3 条黑斜纹。

采集地：天津汉沽、塘沽、大港海域。

13.2 鲂鮄科 Triglidae

13.2.1 绿鳍鱼属 *Chelidonichthys*

13.2.1.1 绿鳍鱼 *Chelidonichthys kumu* (Cuvier, 1829)

英文名： Bluefin gurnard。

地方名： 绿翅鱼、莺莺鱼、鸡角、角仔鱼。

形态特征：

体较长，稍侧扁，前部粗壮，后部渐细。头中大，侧面似菱形，头背面及侧面全被骨板。吻较长，前端中央微凹，左右吻突圆形，其上有小棘。眼中大，上侧位。眼间隔宽。口较大，下端位。上颌较下颌突出。颊部具强棱。眼前上缘具 2 个短棘，后上缘具一小棘。前鳃盖骨具 2 个棘，鳃盖骨具 2 个棘。体被中小圆鳞。背鳍基每侧有一纵行楯板。背鳍 2 个，第一背鳍起点位于鳃盖骨后缘上方。臀鳍与第二背鳍相对。胸鳍很长，延伸至第二背鳍中间鳍条基底的下方，下部具 3 条指状延长鳍条。腹鳍胸位。尾鳍浅凹。

背部红色，腹部白色，头部及背侧具蓝褐色网状斑纹。胸鳍的内侧淡蓝色，下部有 1 个大型青黑色的斑块，其周围有许多灰白色斑点。

采集地： 天津汉沽、塘沽、大港海域。

13.3　六线鱼科 Hexagrammidae

13.3.1　六线鱼属 *Hexagrammos*

13.3.1.1　大泷六线鱼 *Hexagrammos otakii* Jordan & Starks, 1895

英文名：Fat grrenling。

地方名：黄鱼、六线鱼。

形态特征：

体长而侧扁，头中大而侧扁。吻尖突。眼中大，上侧位，眼后缘上角有 1 个黑色羽状皮瓣，长约等于眼径。头后部每侧具一细小羽状皮质瓣。鼻孔小，1个，具短管。口中等大，端位，上颌稍突出，后端伸达眼前缘下方。上、下颌齿尖细，前部齿数行，外行较大，后部齿1行，下颌下方及前鳃盖骨边缘具10个黏液孔。前鳃盖骨和鳃盖骨均无棘。鳃孔大，鳃膜相连，不连峡部。鳃盖条6根。体被小栉鳞。侧线5条。背鳍连续，鳍棘部与鳍条部之间有一浅凹，凹处有一大黑斑，有19个鳍棘23根鳍条。臀鳍21根鳍条。胸鳍18根鳍条。腹鳍1个鳍棘5根鳍条。尾鳍后缘微凹。

体黄褐色，背侧较暗，约9个暗褐色的斑块，体侧具不规则灰褐色斑块。背鳍鳍棘部后方具暗褐色斑块。臀鳍鳍条灰褐色，末端黄色。其他各鳍均具灰褐色斑纹。

采集地：天津汉沽、塘沽、大港海域。

13.4 鲬科 Platycephalidae

13.4.1 鲬属 *Platycephalus*

13.4.1.1 鲬 *Platycephalus indicus* (Linnaeus, 1758)

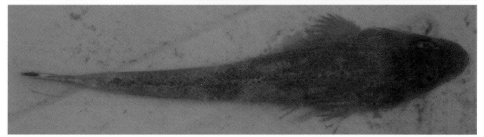

英文名：Bartail flathead。

地方名：牛尾鱼、拐子、辫子鱼、竹甲。

形态特征：

体长而平扁，向后渐窄。头扁平。眼中等大小，侧上位。口前位，两颌具绒毛状齿群。头背侧有低的骨棱，如眼上棱、顶枕棱、鼻棱、眼前棱及眼下棱。前鳃盖骨后角有两个大尖棘，上棘伸向后上方，下棘伸向后方。鳃盖条 7 根。体背小栉鳞，体侧有侧线鳞约 120 枚。背鳍 2 个，第一背鳍有 7 个鳍棘，另外其前方有 2 个独立小鳍棘，后方有 1 个独立小鳍棘；第二背鳍较第一背鳍基长，有 13 根鳍条。臀鳍与第二背鳍相对称，有 13 根鳍条。胸鳍 18 根鳍条。腹鳍 1 个鳍棘 5 根鳍条。尾鳍截形。

体黄褐色，头及体均具有黑褐色斑点，体侧下部淡黄白色。

采集地：天津汉沽、塘沽、大港海域。

13.5　杜父鱼科 Cottidae

13.5.1　松江鲈属 *Trachidermus*

13.5.1.1　松江鲈 *Trachidermus fasciatus* Heckel, 1837

英文名：Roughskin sculpin。
地方名：媳妇鱼、四鳃鲈。

形态特征：

头及体前端平扁，向后渐宽，渐侧扁。头稍大。吻短。眼稍小，侧上位。顶枕部各有 1 顶枕棱。口大，前位，倾斜。上颌较下颌稍长。体无鳞，皮上有很多小突起。侧线为直线形，侧中位，有黏液小管孔。背鳍 2 个，第一背鳍有 8 个细弱的鳍棘，第二背鳍基 19 ～ 20 根鳍条。臀鳍具 17 ～ 18 根鳍条。胸鳍长圆形，具 17 根鳍条。腹鳍具 1 个鳍棘 4 根鳍条。尾鳍截形，后缘圆。

体背侧灰褐色，腹侧淡白。体背鳍第二至第四个鳍棘下方具 1 条暗黑色条纹。背鳍第五至第九根鳍条下方和尾鳍基部各具 2 条横纹。前鳃盖骨缘后方及鳃盖膜处为橙红色。臀鳍基亦为橙红色。

采集地：天津大港海域。

14. 鲽形目 Pleuronectiformes

14.1 牙鲆科 Paralichthyidae

14.1.1 牙鲆属 *Paralichthys*

14.1.1.1 牙鲆 *Paralichthys olivaceus* (Temminck & Schlegel, 1846)

英文名： Bastard halibut。

地方名： 偏口、牙片鱼、牙鲆。

形态特征：

体长圆形，两侧不对称。吻略长，口大，前位，斜成弧形，左右对称。两颌长度基本相等。上、下颌各有一行同形尖锐的牙齿，前部牙齿较大呈犬齿状。两眼均在头的左侧。有眼侧的两鼻孔接近下眼的前方，无眼侧的两鼻孔接近头的背缘。鳞片较小，有眼侧为栉鳞，无眼侧为圆鳞。有眼侧和无眼侧侧线均发达，在胸鳍的上方有一弓形的弯曲。背鳍起点在头的前部，有眼侧的胸鳍较大在弓形侧线之内。腹鳍位于腹缘的两侧。

有眼侧体灰褐或深褐色，并夹有灰色或黑色斑点，无眼侧白色。

采集地： 天津汉沽、塘沽、大港海域。

14.2　舌鳎科 Cynoglossidae

14.2.1　舌鳎属 *Cynoglossius*

14.2.1.1　半滑舌鳎 *Cynoglossus semilaevis* Günther, 1873

英文名：Tongue sole。

地方名：牛舌、鳎目、半滑三线鳎。

形态特征：

体呈长舌状，侧扁。前端钝圆，后部尖细。头较短，钝圆。吻钩末端不达有眼侧鼻孔的前下方。眼甚小，均位于左侧头部中央稍前。上眼较下眼略前位。口小，口裂弧形。有眼侧两颌无齿。肛门位于无眼侧。头体有眼侧被栉鳞，无眼侧的体中央一纵行为圆鳞。有眼侧有侧线 3 条，侧线鳞 112 ~ 120 枚；无眼侧无侧线。背鳍、臀鳍、尾鳍相连。背鳍 119 ~ 125 根鳍条。臀鳍 89 ~ 98 根鳍条。尾鳍 10 根鳍条。

有眼侧体暗褐色，奇鳍褐色。无眼侧白色。

采集地：天津大港海域。

14.2.1.2 短吻红舌鳎 *Cynoglossus joyneri* Günther, 1878

英文名：Red tonguesole。

地方名：牛舌、鳎目、焦氏舌鳎。

形态特征：

体呈长舌状，侧扁。头较短，稍高。吻钩末端达有眼侧鼻孔的前下方。两眼均位于左侧头部中央稍前，上眼较下眼略前位。口小，口裂弧形。有眼侧两颌无齿。肛门位于无眼侧。头体有眼侧被栉鳞，无眼侧的体中央一纵行为圆鳞。有眼侧有侧线 3 条，侧线鳞 112 ～ 120 枚；无眼侧无侧线。背鳍、臀鳍、尾鳍相连。背鳍119 ～ 125 根鳍条。臀鳍89 ～ 98 根鳍条。尾鳍 10 根鳍条。

有眼侧体淡褐色，无眼侧白色。

采集地：天津汉沽、塘沽、大港海域。

15. 鲀形目 Tetraodontiformes

15.1 单角鲀科 Monacanthidae

15.1.1 马面鲀属 *Thamnaconus*

15.1.1.1 马面鲀 *Thamnaconus septentrionalis* (Günther, 1874)

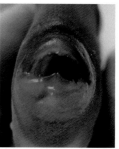

英文名：—

地方名：牛皮、皮匠、橡皮鱼。

形态特征：

体甚侧扁，长椭圆形。尾柄长大于尾柄高。吻长，尖突。眼中大，上侧位，位于头的后面。眼间圆凸。鼻孔2个，紧接，位于眼前上方。口小，端位。下颌稍突出。唇发达。齿截状，上颌齿2行，外行6个，最后一个宽大，内行4个，窄小；下颌齿1行6个较宽大。舌不游离。鳃孔较大，侧位，斜直，位于眼后半部下方。

鳞细小，具小刺，直接生于基板上。无侧线。第一背鳍具二鳍棘，第一鳍棘长大，粗糙，起于眼之上方，后缘各具一行倒刺，前缘具 2 行细小倒刺，第二鳍棘短小，有鳍膜与第一鳍棘相连；第二背鳍延长，具鳍条 37 ~ 39 根，起于肛门上方，第 9 至第 11 根鳍条最长。臀鳍与第二背鳍相似，起于第二背鳍第七鳍条下方，具鳍条 34 ~ 36 根。胸鳍短而圆形，侧位，具鳍条 15 ~ 16 根。两腹鳍退化，合成一短棘，连于腰带末端，不能活动。尾鳍圆形。

体蓝灰色。第二背鳍、臀鳍、胸鳍和尾鳍绿色。尾鳍暗色。体侧具不规则暗色斑块。

采集地：天津塘沽海域。

15.2　鲀科 Tetraodontidae

15.2.1　东方鲀属 *Takifugu*

15.2.1.1　红鳍东方鲀 *Takifugu rubripes* (Temminck & Schlegel, 1850)

英文名：Japanese pufferfish。

地方名：黑艇巴、黑蜡头、红鳍圆鲀。

形态特征：

体长，圆筒形，向后渐狭小。吻圆钝。眼小，上侧位。眼间宽而微凸。鼻孔2个，紧位于鼻瓣的内外侧，鼻瓣呈卵圆形囊状突起，距眼比距吻端为近。口小，端位。上、下颌各具2个喙状齿板，中央缝显著。唇发达，细裂，下唇较长，两端向上弯曲。鳃孔中大，侧位，位于胸鳍基底前方。背面自鼻孔后方至背鳍前方、腹面自鼻孔下方至肛门前方均被有由鳞变成的小刺。吻部、头体的两侧及尾部光滑，无小刺。侧线发达，上侧位，至尾部下弯于尾柄中央。体侧皮褶发达。气囊发达。背鳍略呈镰刀形，具鳍条 17 根，起点稍前于臀鳍起点。臀鳍与背鳍形状相似，具鳍条 15 根。胸鳍近方形，具鳍条 15 ～ 17 根，上部鳍条稍长。尾鳍截形。

头体背面和体侧上部黑色，腹面白色。体侧在胸鳍后上方具一白边黑色大斑，胸鳍前方、下方及后方直至尾柄尚有小黑斑。臀鳍基部红黄色。胸鳍灰褐色，鳍基的前后面各有一黑斑。背鳍和尾鳍黑色。

采集地：天津汉沽、塘沽、大港海域。

16. 鮟鱇目 Lophiiformes

16.1　鮟鱇科 Lophiidae

16.1.1　鮟鱇属 *Lophius*

16.1.1.1　黄鮟鱇 *Lophius litulon* Jordan, 1902

英文名： Yellow goosefish。

地方名： 老头鱼、蛤蟆鱼、丑鱼、大嘴鱼、结巴鱼。

形态特征：

体前端平扁，呈圆盘形，后端细尖，呈柱形。头大。吻宽而平扁。眼较小，位于头背方。眼间很宽。鼻孔突出，位于眼前部。口宽大，下颌较长，上颌、下颌、犁骨及舌上均有尖形齿。鳃孔宽大。头背侧缘与眼后缘、头顶部、吻前端两侧，口角后方及鳃盖部均有少数骨质棘突。体无鳞，在头体上方及两颌边缘均有很多大小不等的皮质突起。第一背鳍6个鳍棘，前3个鳍棘分离，呈指状，顶端有肉质突，第二个鳍棘最长，前2个鳍棘位于吻的背侧，第三个鳍棘位于体背侧，4～6个鳍棘均短，由鳍膜相连；第二个背鳍位于尾部，鳍条9根。臀鳍位于体后，具鳍条8根。胸鳍很宽，侧位，圆形。腹鳍短小，喉部，具鳍条5根。尾鳍近截形。

体被不规则深棕色网纹。背鳍基底具一深色斑。臀鳍与尾鳍均黑色。体下方白色。

采集地： 天津汉沽、塘沽、大港海域。

17. 鳕形目 Gadiformes

17.1 鳕科 Gadidae

17.1.1 鳕属 *Gadus*

17.1.1.1 鳕 *Gadus macrocephalus* Tilesius, 1810

英文名：Pacific cod。

地方名：大头鱼、大口鱼、大头腥、大头鳕鱼。

形态特征：

体长，稍侧扁，尾部向后渐细。头长大，吻长约为眼径的 2 倍。眼大，侧高位，眼间距很宽，中央微凸。鼻孔 2 个，前外孔后缘有皮质突起；后鼻孔较大，无皮质突起。口大微斜，下颌比上颌略短。下颌有须 1 条，须长等于或微大于眼径。体被圆鳞、细小。背鳍 3 个，有鳍条 12 ~ 13 根；15 ~ 18 根；18 ~ 19 根。臀鳍 2 个，有鳍条 19 ~ 21 根，19 ~ 20 根。胸鳍有鳍条 19 ~ 20 根。腹鳍鳍条 6 根，第二鳍条延长呈丝状。尾鳍截形。

体背侧淡灰黑色，具很多棕黑色或黄色小斑点。体下为灰白色。各鳍均为蓝色，腹鳍和臀鳍较淡。

采集地：天津汉沽、大港海域。

中文名索引

拉丁文索引